機械工学入門シリーズ

生産管理入門

第5版

坂本碩也 著／細野泰彦 改訂

はしがき

原始の人類は，生活のかてを少しでも多く求めるために，石器や骨器その他の素朴な道具を用いて獲物を仕止めた．これがいわば生産の始まりである．

その後，農耕の発明や，青銅器・鉄器などの出現を経て，便利な道具が作られ使用されるに及んで，生産の内容はますます豊かになった．また当初は，道具を使う人がそれを自分で作ったのであるが，その後，生産が活発になるにしたがって，専門の業種に分けられるようになり，よりよい道具をより能率的に作り出すために，設備や機械の面においても，いろいろな工夫や開発が行なわれた．

このようにして人間の使用する品物が，しだいに複雑化・多様化してその数が多くなると，単に一個人の手によるだけでは需要に追いつかず，多くの人たちの手によって物を作り出す必要が生じて，工場が生まれ，企業が生じた．

現代は，新産業革命の時代ともいわれ，科学技術の飛躍的な進歩により，従来の常識をくつがえすような多くの新技術や新製品が，つぎつぎに出現している．

このような現代において生産活動を行なうには，単に個人のもつ技能や技術だけではなく，集団の組織や能率をどうするか，また，それに伴う連絡や情報の処理をどうするかなど，製造技術以外のいろいろな問題が生じ，これらを合理的に処理していくために，最新の科学を導入した生産管理のさまざまな手法が考え出されている．

したがって，近代産業の技術にかかわる者が生産活動に従事するには，単に製造に関する専門の技術知識だけでなく，生産管理の技術知識も身につけて，広い視野と識見をもつことが必要な条件とされている．

本書はこの趣旨にそって，まず，生産管理とはどういうことか，またどのようなことをするのか，そのためには何が大切なのか，これらの基本的な事項の全般について平易な解説をこころみるとともに，生産の進行に重要な働きをする情報処理と，その役目を果たすコンピュータの基礎事項についても学ぶことにした．

したがって本書は，これから生産に携わる人のための管理技術の入門書として執筆したものであるが，これを踏み台として，学生諸君や若い技術者の皆さんはもとより，一般の管理を担当される実務の方がたに対しても，管理技術の理解と向上に役立てていただけるならば，まことに幸いである．

なお，執筆にあたり参考にさせていただいた多くの文献の著作者，ならびにご協力をいただいた方がたに対し，深く感謝の意を表する次第である．

1989年4月

著　者

［第 4 版］改訂の序

本書は，生産管理に関連するマネジメント技術を，広くかつ密度濃く簡潔に解説した入門書として，新しい管理技術を取り入れつつ時代の要請に対応し，これまで数度の改訂を重ねてきた．急速で多様な情報技術の展開に伴い，情報化と国際化は激しい波となってあらゆる生産システムに大きな影響を与えてきたが，他方，地球環境と資源エネルギーの問題も深刻化し，情報化社会における新たなリスクへの対策も喫緊の課題である．どれも企業や組織体の総力を上げてシステマティックに取り組まなければならない課題であり，細分化した専門性にとどまることなく，組織活動の全体最適化を図り，俯瞰できる視点からのアプローチが求められている．

そのような観点から，ISO のマネジメント規格が 2015 年に大幅に改訂された．これは，世界的に支持されている品質マネジメントの考え方を見直し，各種のマネジメント規格と整合するように，より洗練された概念と方法を提唱したものである．わが国でも直ちにこの新 ISO 規格が JIS 規格に取り入れられ，環境マネジメントや情報セキュリティ マネジメントなどと連携して，多様でリスクのある重要課題に適応する新しい体系的なマネジメント システムの普及が意図されている．

本書では，この新しいマネジメントの要点を取り込むとともに，本書の全体にわたって再検討を加え，より一層の充実を期している．原著者の坂本碩也は既に他界しており，本改訂版のいかなる落ち度もすべて共著者にある．読者のご批判，ご叱正をいただければ幸いである．

おわりに本書の版を全面的にリニューアルし，大変な編集作業に尽力いただいたオーム社書籍編集局の方々に深く感謝申しあげる．

2017 年 1 月　故 坂本 碩也 氏に捧ぐ

共著者　細野 泰彦

［第 5 版］改訂の序

本書は，これまでに中国語や韓国語でも出版され，多くの読者に恵まれてきたことに深甚なる謝意を表する次第である．

第 4 版から 7 年が経過し，この間，生産管理とこれを取り巻く社会環境や国際環境では，種々の変化と進展があった．その一つには，ISO 規格の整備と改正を受けて，種々の JIS 規格も改正されてきたことがあげられよう．とくに JIS Z 8141「生産管理用語」が 2022 年に改正され，20 年ぶりに全面的に刷新された．情報通信技術の進歩とこれを活用した管理システムの発展，さらに生産に関するグローバル化の展開によって，生産管理に関する用語の国際的な使われ方との整合性を図ることがますます重要になってきた．

本書では，これらの観点から，全体を大幅に見直し，最新の知識を取り込みつつ，できるだけわかりやすく生産管理を学べるよう配慮し．全面的に改訂を行った．その際，いくつかのミスも修正した．まだ見落としがあるかも知れず，さらに読者諸氏からのご指摘やご意見をいただければ，大変ありがたい．

最後に本書の出版にあたり編集の労をお取りいただいたオーム社の方々に，厚く感謝を申し上げる．

2024 年 10 月

改訂者　細野 泰彦

目次

1章　生産管理

2章　生産組織

3章 生産の基本的な計画

4章 工程管理

5章 作業研究

6章 資材と運搬の管理

7章 設備と工具の管理

8章 品質管理

9章 環境と安全衛生管理

10章 人事管理

11章 工場会計

12章 情報処理

13章 マネジメントシステム

1

生産管理

1·1 生産

1. 生産とは

人間が家庭生活や社会生活を営んでいくには，衣食住をはじめいろいろな消費する物が必要である．これらの消費物は，自然の中から直接に採取してそのまま用いることもあるが，とくに現代においては，そのほとんどが自然物に様々な変化を与え，使用目的に役立つように，あるいは，必要があれば直ちに手に入れられるようなしくみがつくられている．

このように，自然物などにある手段を加えて，その形状，性能，場所などに変化を与え，人間の生活に必要な価値や効用を生み出す行為を**生産**という．ここで，自然物に加えるある手段とは，労働力，機械，装置，作業指示（情報）などをさし，人間の生活に必要な価値や効用とは，単に有用な物品を意味するばかりでなく，これらを必要としている人びとのために，輸送，貯蔵，サービスなどを行う活動も含まれている．

したがって，生産を一般社会の生産活動の面から分類すると，農業，鉱業，工業などの物の生産と，運輸業，倉庫業，商業などの用役の生産とに大別される．ここでは，主として工場における物の生産について述べるが，サービス（用役）についての生産も同様にして応用することができる．

JIS 規格（**JIS Z 8141：2022**）生産管理用語* では，生産（production）と**製造**（manufacturing）をともに「生産要素である素材など低い価値の経済財を投入して，より高い価値の財に変換する行為または活動」と定義している．さらに，その

---

* 本書の第5版の改訂は，**JIS Z 8141** 生産管理用語が 2022 年に改訂されたことを考慮して，その内容に基づく説明には，「**JIS Z 8141**」によるという趣旨を記述している．

注釈では，「製造は人工的であり，生産は自然活動も含むという区別をする場合もある」と説明されている．このように，生産は，何かの手段によって経済的な価値を生み出すことであると考えられる．

2. 生産性とは

品物を生産するには，**原材料***，設備，労働などの資源を必要とする．たとえば，本をつくるには，紙，活字，印刷用インクなどの材料，印刷機，製本機，工場の敷地と建物などの設備および人間の労働力などが用いられる．なお，原材料は資材ともいい，**JIS Z 8141** では，資材（materials）を「生産を行うために必要な材料」と定義している．

この生産のために使われた量と，その結果，有効に生産されたものの量との割合を**生産性**といい，次の式で表される．

$$生産性=\frac{生産物の量（産出量）}{生産のために使われた量（投入量）}$$

$$=\frac{アウトプット（output）}{インプット（input）}$$

すなわち，生産のために投入された各種の資源がどれだけ有効に利用されたかを判断するための度合を示すもので，資源の要素によって各種の生産性があるが，その代表的なものをあげると，次のとおりである．

① **原材料生産性** $=\frac{生産量（生産金額）^{**}}{原材料使用量（金額）}$

② **設備生産性** $=\frac{生産金額}{設備金額}$

③ **労働生産性** $=\frac{生産量（生産金額）}{労働時間数（労働人数）}$

④ **付加価値生産性** $=\frac{付加価値額}{売上高}$

---

* 原材料　原料と材料の総称．生産過程の前後において，形状および質の変化の大きいものを原料，小さいものを材料という．たとえば，木材は建築では材料であるが，紙，パルプでは原料である．

** 生産量の単位は，一定期間の生産金額のほか，生産個数，生産質量（kg，t）などで表される．新計量法により，量の名称は重量から質量に変更が必要で，構造物に加わる自身の重量や外力を示す荷重の場合は，力の単位であるニュートン（N）が用いられる．

なお **JIS Z 8141** では，生産性を「投入量に対する，産出量の比率」と定義している．

1·2 企業と工場

1. 企業とは

一般に営利を目的とし，あるいは公共への奉仕を重点として，生産，販売，サービスなどの経済活動を継続して行う組織体を**企業**という．企業を構成するには，資金（money），物質（material），人間（man）の三つが必要とされるので，これを英字の頭文字をとって3Mという．

資本の出資が公共団体で，営利だけを目的とせずに公共の利便もはかる形態を公企業といい，公団，公庫，公社などはこの例である．

これに対し，主として営利を目的として設立する形態を私企業といい，個人企業と共同企業（会社）とに分けられる．共同企業は出資者の数や責任の負い方によって分けられ，少数共同企業には，合名会社，合資会社および有限会社があり，多数共同企業には株式会社がある．

2. 工場とは

企業の中で，機械や装置などを設置し，これを使用して物品の製造や加工を継続的に行うところを**工場**という．すなわち，土地，施設，設備，原材料，労働，技術，経営，管理，資本など，生産に関するあらゆる物や人の活動するところである．

工場における生産活動の目標は，最小の原材料や労力で，最大の価値をもつ製品を製造することである．

3. 工場の種類

科学技術の発達に伴って，工業製品の種類はますます多くなっている．したがって，これらの製品を生産する工場も非常に多くの種類に分かれている．一般に用いられている分類法で分けると，次のとおりである．

① **製品の種類による分類**　金属工場，機械工場，繊維工場，薬品工場，食料品工場，木製品工場，プラスチック工場など．

② **原材料の種類による分類** 農産品工場，畜産品工場，水産品工場，金属工場，木材工場など．

③ **生産方法による分類**

機械加工工場 旋盤，フライス盤，CNC（コンピュータ数値制御）機，マシニングセンタなどの工作機械による機械加工を主体として金属や合成樹脂などの材料を加工して部品を生産する工場で，その代表的なものに，従来型の機械工場，**FMS**（flexible manufacturing system，生産設備の全体をコンピュータで統括的に制御・管理することによって，混合生産，生産内容の変更などが可能な生産システム）工場などがある．機械加工工場で作られた部品は，組立工場で使われる部品だけでなく，そのまま製品として市販されるものもある．

製品組立工場 二つ以上の部品をねじ止め，接着，溶接，圧入，縫製，ばね止めなどの方法で接合して製品を組み立てる工場で，その代表的なものに，自動車組立工場，家電製品の組立工場，ボールペンの組立ラインなどがある．製品組立工場では，作業者やロボットによる組立ラインのほか，専用の自動組立機も使われている．

プロセス工場 気体，液体または粉粒体などの流体を原料とし，これらが装置を流れるうちに，品質の変化によって製品を生産する**装置工場**で，その代表的なものに，化学，石油，食品，ガス，薬品，製鉄などの各工場がある．

④ **工場の規模による分類** 大工場（従業員数300名以上，出資額3億円以上），中工場（従業員数300名以下），小工場（従業員数50名以下）に分類される．

⑤ **技術の進展による分類** 生産システムの進歩に従って，専門技術者によって操作される汎用工作機械の工場，汎用機に数値制御やコンピュータ制御を付加して自動化を図ったNC工作機械，マシニングセンタ（MC）やロボットを導入した工場，NC機，MCやロボットと自動搬送機器を組み合わせてシステム化した**FMS**工場，さらに工場における生産機能の構成要素である生産設備（製造，搬送，保管などにかかわる設備）と生産行為（生産計画および生産管理を含む）とを，コンピュータを利用する情報処理システムの支援のもとに統合化し，総合的な自動化を図った**FA**（factory automation）工場などがある．**CIM**（computer integrated manufacturing system）は，生産に関係するすべての情報をコンピュータネットワークおよびデータベースを用いて統括的に制御・管理することによって，生産活動の最適化を図る生産システムを指している．

1·3 経営と管理

1. 経営とは

経営と管理とは，はじめは同じ意味で用いられていたが，企業の規模が大きくなるにつれて，しだいに区別されるようになった．すなわち，**経営**とは，企業を運営するにあたって，その基本方針を決めて，全体的な指導と制限を行うことである．

JIS Z 8141 では，経営（management，administration）を「経済的な目的を達成するため，財・サービスの生産・流通・販売・使用・3 R・廃棄などを計画的に設計し，組織し，運用する総合的な活動，またはその意識的活動形態」と定義している．企業，法人，自治体などの経営の主体組織は，経営体と呼ばれる．経営の管理的なレベルと区別して，経営上層部の戦略的な意思決定活動を指す場合にはadministration を用いることがある．

2. 管理とは

管理活動あるいはマネジメントの基本は，まず計画を立て，その計画を忠実に実行し，実施した結果を正しく把握して，結果に基づいて適切な処置を行い，一連の活動の成果を次の計画に活かしていくことにある．**JIS Z 8141** では，管理（management，control）を「経営目的に沿って，人，物，金，情報など，様々な資源を最適に計画し，運用し，統制する手続きおよびその活動」と定義している．とくに，管理を「統制」の意味に限定する場合には control を用いることがある．この**管理**の基本的な考え方は，図 **1·1** に示す **PDCA サイクル**と呼ばれる四つのステップで進めていくことが大事である．PDCA サイクルは**管理のサ**

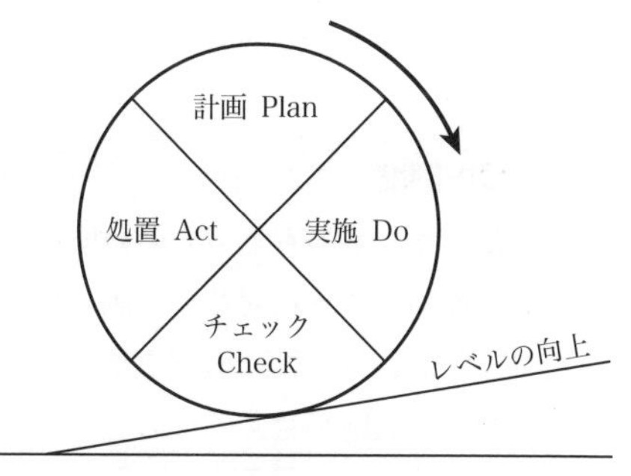

図 1·1 PDCA サイクル

表1·1 PDCAサイクルの分析

計画	方針	トップマネジメントは内外の情勢を予測し，経営課題を分析し，根拠や基礎となるデータを明らかにして，経営方針を決める.
	目的	経営方針に基づいて，対象とする業務や部署の管理目的を定める.
	目標と方法	管理目的を具体化して，目標項目，目標値，達成期日，さらに目標を達成する方法を設定する.
実施	教育訓練	定められた方法を十分に教育・訓練し，確実に成果が期待されるまで習熟しておく.
	モラール	集団の目標に向かってメンバーの意志が統一され，集団の団結が固く，その目標達成に努力する気力に満ちた状態を醸成する.
	命令伝達	命令伝達の方法，時期，形式，実施後の報告方法を明らかにし，書面または口頭によって確実に伝達して実施させる.
チェック	測定	業務や課題を実施した結果は目的を満たしているか，目標項目ごとの達成度や達成期日がどのようであったかを事実に基づいて測定する.
	評価	計画段階で定めた目標値と実施後の測定結果とを比較し，その差異を定量的および定性的に表して実施状況を評価する.
	原因追究	望ましくない結果が得られたときは，どこかに異常や問題が生じているから，その詳細な要因や根本的な原因を発見する.
処置	統制	評価の結果，目標と実施の差異を修正する必要がある場合は，修正措置を講じる.
	再発防止	チェックのステップで発見された要因に対して，再発防止の恒久的な対策をとり改善する.
	展開	今後の管理や他の管理活動について，一連のPDCAサイクルの実績と経験を活かす水平展開および垂直展開を図る.

イクルともいわれ，**計画**（Plan）→**実施**（Do）→**チェック**（Check）→**処置**（Act）のステップである.

管理のサイクルの回転を重ねるにしたがい，計画は改善され，他の働きも整備されて，生産性や管理レベルはしだいに向上する.

PDCAのサイクルを分析すると，表**1·1**のとおりになる.

3. 報告制度

報告という言葉のもともとの意味は，上位者が下位者に行った命令や指示に対して，下位者が上位者に対して活動の状況や結果などを伝えることであったが，現在の経営管理においては，情報を集める活動の積極的な手段として活用されている.

この報告の実施を企業内部の管理の中に取り入れて，組織化した制度を**報告制度**という.

この制度の種類を時期的に分けると，日，週，月または年次ごとに繰り返して報告される定期報告と，繰り返しのない不定期の特殊報告とがある．

報告には口頭によるものと，文書によるものとがあるが，報告制度では定型文書のほか，図表，図形などの報告書も用いられる．

報告制度を活用するときは，報告書を管理するための規程や手続き方法などの設定が必要である．また，報告書の形式や内容を決めるときは，次の点に留意することが必要である．

① できるだけ標準化して一定の形式とし，正確・迅速に報告ができるようにする．
② 報告内容は重要事項を中心として，最少限度の情報を含むようにする．
③ 用途を充分に考慮し，単純で見やすく，利用されやすいものにする．
④ 現状と標準との照合ができて，業績の良・不良が直ちにわかるようにする．
⑤ 下層の管理になるほど報告は単純で量も少なくする．

1·4 経営・管理の歴史

1. 科学的管理法の誕生

1800 年代の終わりごろまでは，工場の規模も小さく組織も単純であったため，生産は熟練労働者にたよることが多く，経営・管理の点はあまり発達しなかった．

工業がしだいに高度化し，工場の規模が大きくなり組織も複雑になるにつれて，経営者がすべての管理や監督を行うことができなくなってきた．そこで，経営者は能率をあげるため，給与のしくみとして**出来高給制**（製品の単価×完成個数による支払い制度）をとることにした．

ところが，労働者が身を粉にして働くと，能率は向上するが賃金が増大してしまうので，経営者は単価の引き下げをはかった．このため，労働者は組織的な怠業（サボタージュ）を行った．

この悪循環を解決するためアメリカのテイラー（F. W. Taylor，1856 ～ 1915）は，経営者が単価の引き下げを行う原因は，労働者が普通の努力で行う 1 日の適正な仕事量が不明確であるからとして，労働者の作業時間を測定し，公正な 1 日の仕事量（課業）を定めることに努力した．

この課業を中心として工場の生産を計画し管理する方式は**科学的管理法**または**テイラー システム**（Taylor system）と名付けられて，近代的な工場管理の出発点となった．

この科学的管理法の考え方は，工業的な生産活動が企業として成り立つためには，単に製造の技術だけでなく，生産の管理法の技術が必要であるとしたもので，これらの考え方を基礎にして学問としてまとめたものを**インダストリアル エンジニアリング**（industrial engineering：**IE** *）または**経営工学**と呼んでいる．なお **JIS Z 8141** では，経営工学を「経営目的を定め，それを実現するために，環境（社会環境および自然環境）との調和を図りながら，人，物（機械，設備，原材料，補助材料，エネルギーなど），金，情報などを最適に計画し，運用し，統制する工学的な技術・技法の体系」と定義している．

科学的管理法は，その後，1913 年に自動車の組立作業のために，**フォード**（H. Ford）によって開発されたベルトコンベヤによる流れ作業方式（**フォード システム**）とともに，世界各国に普及された．

また，1924 年にはシューハート（W. A. Shewhart）により，品質管理に統計学の応用が試みられている．

2. 人間関係の重視

科学的管理法およびフォード システム（Ford system）は，第一次世界大戦の戦前および戦中（1914 ～ 1918 年）に，アメリカをはじめ各国に利用され，生産力の増強に大きな影響を与えた．

しかし，従業員を機械の一部として扱い，賃金によって刺激を与えようとする考え方は，人間性を無視しすぎると批判され，労資間の紛争が増大した．

したがって，第一次世界大戦後からは，従業員の人間関係が重視される気運が生まれ，労働科学を基礎とした作業の管理が考えられた．ちょうどこのころアメリカで行われた**ホーソン実験** ** をきっかけにして，産業心理学，行動科学，人間工学などの学問の研究がさかんに行われ，工場の管理に大きく取り上げられるように

---

* **IE**　生産能率を増進させるため，労力，資材，設備などに関する生産の方法や進め方を合理的に改善する管理技術をいう．この技術を実現するため，あらかじめ生産によって得られる結果を推測・評価する方法として，工学上の分析や設計の原理と技法，および数学，自然科学，社会科学などの専門知識と技法などを用いている．すなわち，経営工学，生産技術などの意味をもつもので，企業の中から，**ムリ**，**ムダ**，**ムラ**の **“3 ム”** を追放して生産の改善をはかり，生産性の向上を目ざす活動が含まれている．

なった.

3. 管理科学の発達

第二次世界大戦（1939～1945年）中およびそれ以後においてのIE（経営工学）は，主としてアメリカを中心として発達し，各種の管理技術が研究されて実用化された.

すなわち，企業の規模がしだいに大きくなり組織化するにつれて，IEの内容は各生産現場だけで能率増進をはかるのではなく，さらに，企業全体の総合的な調整によって能率化をはかる管理方式にまで発展した．このため，企業の経営・管理に，分析，実験，設計などの工学的方法を採用するようになり，IEの技術は一般社会や経済活動の分野にまで及んでいる.

テイラーによる科学的管理法の運動が出発点であったIEは，初めは主として時間研究や動作研究などを中心とした活動であったが，その後，品質管理（QC：**8**章参照），監督者訓練（TWI：**10**章参照），既定時間標準（PTS）法（**5**章参照），オペレーションズ リサーチ（OR），システム工学（SE），人間工学などが取り入れられ，その手法や技術は，コンピュータ（電子計算機）の応用によってめざましい発展をとげている.

オペレーションズ リサーチ（operations research：**OR**）　経営・管理において，いろいろな問題について最も良い解決法を選びたいとき，その解決をあたえる技術をいい，近代数学を利用した科学的な手法を用いる．その手法としては，在庫管理，線形計画法（LP），PERT（**4**章参照），待ち行列，ゲームの理論などがあり，その解法にはコンピュータが大きな役割を果たしている.

システム工学（system engineering：**SE**）　一定の目的を果たすために，互いに関連性をもって動作するように配置された製品，機械，設備およびこれらを運用する人，技術，情報などの要素の集まりを**システム**といい，システム工学とは，システムを構成する各要素を分析・研究し，最も適正なシステムの設計・管理を行う学

** **ホーソン実験**　アメリカのウエスタン エレクトリック会社（Western Electric Co.）ホーソン工場で，ハーバード大学のメーヨー（G. E. Mayo）教授を中心として，1927年から1932年にかけて行われた実験で，職場の環境や作業条件などをいろいろ変えて，従業員の作業状態を調べた．その結果，作業能率に及ぼす影響は，賃金，労働時間や作業環境などの物に対する条件だけではなく，ほんとうに大切なことは，従業員の感情，動機，満足感などで，これら個人の行動を定める心理的な要因は，人と人との接触あるいは仲間としての小集団との人間関係が大きく作用することがわかった.

問をいう．コンピュータは典型的なシステムであり，これを利用して，生産管理，在庫管理，事務管理などに応用されている．

人間工学（human engineering，ergonomics） 人間が操作する機械や装置などの設計方法，作業方法や環境の設定などを，人間が本来もっている身体的，精神的な各種の特性や能力に合わせ，安全で正確に操作ができて，人間のもつはたらきが最善の成果を得られることを目的とした研究活動をいう．

1·5 生産管理

1. 生産管理とは

生産管理とは，需要に合った良い品質の製品を，必要な期日までに，必要な数量だけ，企画した原価で生産するために，生産の基本的な要素としての**５Ｍ**すなわち人（man），機械（machine），材料（material），方法（method），資金（money）などの活用を計画し，企業の生産活動を全体的に統制し，生産力を最高に発揮させることである．**JIS Z 8141**では，生産管理を「財・サービスの生産に関する管理活動」と定義し，「具体的には，所定の品質Ｑ（quality）・原価Ｃ（cost）・数量および納期Ｄ（due date，delivery）で生産するため，またはＱ・Ｃ・Ｄに関する最適化を図るため，人，物，金および情報を用いて，需要予測，生産計画，生産実施および生産統制を行う手続きおよびその活動と説明している．**生産管理**の内容となる項目と，その狙いを列挙すると，次のとおりである．

① **工程管理** 製品の生産量と納入期日の確実化をはかる．

② **品質管理** 品質の向上と均一化をはかる．

③ **原価管理** 原価の引き下げと，標準原価との比較により企業活動の改善をはかる．

④ **労務管理** 労働の条件を整備して作業者の意欲の向上をはかる．

⑤ **設備管理・工具管理** 設備や工具の必要量を整備し，効果的な活用をはかる．

⑥ **資材管理・購買管理・外注管理・運搬管理・倉庫管理** 資材の取得・供給の合理化をはかる．

⑦ **環境管理** 人の健康の保護と生活環境の安全をはかる．

このほかに，作業方法については作業管理，熱や電力を使用する所では，熱管理，電力管理などが加わる．

2. 生産管理の要点

生産管理に必要とする生産活動の要点は，次の**5W1H**を明確にする．

① **どこで**（where） どこで作業するのがよいか（場所・位置）．

② **なにを**（what） なにを生産するのか（材料・製品）．

③ **いつ**（when） いつ作業するのか（日時・期間）．

④ **だれが**（who） だれが作業するのか（作業者・設備）．

⑤ **なぜ**（why） なぜその生産が必要なのか（生産方針）．

⑥ **どのように**（how） どのようにしてやるのか（作業方法・生産方式）．

これらの解答を考えることで，生産に関する問題点や改善点について，もれなく点検することができる．さらに，以上の要点のほか現今の生産管理では，どれほど（how much：生産量）を加え，**5W2H**として対処する場合も多い．

3. 生産管理の合理化

（1） 少種多量生産の場合

生産合理化の基本的な手法をあげると，次のとおりである．

（a） **標準化** 原材料・製品，設備などの利用目的に対して最も望ましい標準を定め，この標準にしたがって組織的な統一をはかることである．

一般に生産に関して標準化を分類すると，次のように分けられる．

① 原材料，製品，設備，工具の形状，構造，寸法などに関する標準．

② 作業，事務処理，検査などの方法に関する標準．

③ 一定期間内の生産量，原材料，消耗品の使用量，製造原価などの達成目標に関する標準．

標準化は，物と仕事を単純化して，その流れを円滑にし，計画や統制を容易にするため，大量生産化，原価引き下げ，品質の向上，在庫の縮少，納期の確保，作業の改善，設備の保全，事務の合理化などの活動に効力を発揮する．

企業内で標準化を進める場合を**社内標準化**といい，社内規格として各種の標準が定められている．また，国内的に広げた標準として，わが国では**日本産業規格**（Japanese Industrial Standards）が制定されている．

この規格は英文の頭文字から，**JIS**（ジス）と略称されている．1949年に工業標準化法に基づいて，鉱工業品の全国統一規格とするために制定されたもので，国家的な標準化として生産上，使用上，取引上で有益に活用されている．

（b） **3S** （a)項の考え方を，さらに積極的に進めようとするもので，標準化（standardization）のほかに，単純化（simplification）と専門化（specialization）を加えて3種の内容とし，英語の頭文字をとって**3S**とした．

① **単純化** 製造に関しては，材料，部品，製品などの種類，形状，機構，大きさなどについて，需要の少ないもの，不必要なもの，重要でないものを除いて，できるだけその品種を少なくすることである．

② **専門化** 生産関係では，製品の品種を限定して単純化し，規格を定め，専用の機械設備を設置し，特定の方式によって生産活動を行うことである．

3Sは，製品，作業，販路などの種類を少なくし，能率や品質の面で特色を得ようとする多量生産の専門製造業などの場合に，効果的な役割を果たす．

（c） **5S** 職場の管理の前提となる整理，整頓，清掃，清潔，躾（しつけ）をローマ字とし，その頭文字5個のSによる造語である．現代における行動科学の原点ともなるもので，生産の基本は人間の意欲にあるという優れた行動指針となり，設備・機械・治工具などの最高の利用効果，標準の見直し（改善）などの利点につながる．

（2） 多種少量生産の場合

時代の変遷に伴い，製品の品種の増加という需要の多様化に対し，生産向上の要因として，三つのSと四つのFの7項目の頭文字があげられている．

① **システム化**（systematization） コンピュータを活用して製品構成の複雑化に対処する．

② **ソフトウェア化**（softwarization） 新しい分野への利用法や考え方など，無形の技術や知識の割合を高くする．

③ **専門化**（specialization） 個々それぞれの要望に対応する．

④ **ファッション化**（fashionization） 流行に即応して変り身を早くする．

⑤ **フィードバック化**（feedback） 前に行われた結果が計画どおりかどうかを確かめ，すみやかに次の手を打つ．

⑥ **フレキシブル化**（flexibilization） 状勢や条件の変化に適応性をもたせる．

⑦ **ファイン（精密）化**（finization） 小形化して高い精度をもたせる．

以上の**3S4F**を実現化する主な生産形態には次のようなものがあり，情報技術の飛躍的な進歩に伴って，多種少量生産の体制が出現している．

① **グループ テクノロジー**（group technology：**GT**） 類似部品加工法とも

いい，多数の部品を形状，寸法，工作法などの類似点によって分類し，各グループごとに工作を進める手法である．これにより，工作機械・治工具・生産計画資料などの有効的な共通利用，作業や準備に要する時間や費用の引下げ，生産期間の短縮による管理費の節減，さらに分類のコード（記号）化による，コンピュータを利用した処理の迅速化などの効果がある．

② **資材所要量計画**（Material Requirements Planning：**MRP**） コンピュータを用いて必要な資材の量や時期を定める資材計画の一手法である（**6·1** 節 **1** 項参照）．

③ **ジャスト イン タイム**（just in time：**JIT**） 生産の場では，**5 S** 活動による意識改革のもとで，“必要なものを，必要なときに，必要なだけ生産する”という考え方をいうが，真の意味は“徹底したむだ取りの思想と技術”を表す．この考え方の適用例として **“かんばん方式”** がある．この方式は，最終工程だけに生産指示が与えられ，後工程から直前の工程へは，“かんばん”と呼ぶ指示書によって，必要量だけの納入・運搬・生産に関する情報が順次に伝達される．生産期間を短縮して管理費を節約し，つくり過ぎが自動的に防止され，在庫量を減らすことができるが，前提条件として需要変動の安定が必要となる．

④ **オンライン生産管理**（on-line production management） 管理室に設置された中心的な役割を果たす大形のコンピュータ（ホスト コンピュータ）と各現場の作業用コンピュータが，通信回路で直接に連結され，管理室では，現場における生産時点での実態を即座に把握し，変化の多い情報に対応する処理を迅速に行い，生産の指示を与えることができる．

⑤ **フレキシブル生産システム**（**FMS**） 自動化された生産機械や搬送設備を装備し，コンピュータにより総括的な制御を行い，多種多様な生産ができるシステムで，無人化を目ざす**コンピュータ統合生産**（**CIM**）の一翼を担っている（**12·5** 節 **1** 項参照）．

2

生産組織

2·1 企業の組織

1. 組織とは

組織とは，一定の目標を最も効果的に達成するために，地位と役割とそれに応じた責任が明確にされている人々の活動する集合体であり，また，それを組み立てることをいう．JIS Z 8141 では，組織を「経営活動を事業別，機能別，地域別などに分割し，部門・部・課・係などの階層構造を形成し，全体の経営目的に沿ってそれぞれに任務分担を明確に割り当て，これらを有機的に結びつけ，運用していく構成，または構成体」と定義している．

企業の組織では，各個人が受け持つ仕事や任務を**職務**と呼び，その組織上の地位や持ち場を**職位**という．また，その職位に割り当てる責任を**職責**という．

企業の運営は，その規模が小さいときは，企業主が中心となって直接に行うことができるが，企業の規模が大きくなり，その内容も複雑になると，企業主が企業のすべてを運営することはむずかしくなり，組織をつくって，職務に責任と権限を与えることが必要になる．

さらに企業規模が巨大化すると，組織は複雑化して立体的な構造となり，人間の経験や勘あるいは能力だけでは不充分で，事業部制を採用したり（2·2 節 5 項参照），コンピュータの能力を利用して情報の収集と決断を行ったりすることが必要となる．

2. 組織の原則

組織を有効・適切に編成し，これを合理的に運用するには，**組織の原則**を適用する必要がある．その主なものをあげると，次のとおりである．

(1) 命令の統一

命令は最高の権限をもつトップマネジメントから末端に至るまで一貫した系統をもち，同じ職務で，1名の従業員に対し，原則的には2名以上の命令者があってはならない．

(2) 分業と協業

仕事の複雑化に応じて，その活動を分割することを**分業**という．分業化により編成された部・課・係は縦の系列として構成されているから，組織の全体をまとめていくには，関係する横の部課の部門と業務の協調をはからなければならない．

(3) 職責と権限

各職位について，その受け持つ職務の内容を明らかにし，その職務に対応する**職責**を負わせ，さらに職務の遂行に必要な**権限**を与えることである．

職責と権限を明らかにすることは，権限争いのような混乱もなくなり，上位者が下位者に対し，職責を果たすための相互関係に対しても必要である．権限をもつ者は，その権限に応じた説明責任をもっている．

(4) 権限の委任

組織の規模が大きくなり，上位者の仕事量が増えた場合，上位者は日常繰り返し発生する職務を標準化し，これを下位者にできるだけ任せておけば，新しい計画や調整を必要とする他の仕事を行うことができる．この場合，上位者は下位者に権限を任せても監督責任や結果責任は持ち続けなければならない．

(5) 調整の責任

権限の委任が行われれば行われるほど，委任を受けた各従業員の相互の関係が複雑となり，利害の衝突などが起こることがある．この場合，委任した上位者は各従業員の職務を調整する責任がある．この調整の権利は下位者に委任することはできない．

(6) 管理の限界

ひとりの管理者が管理・監督することのできる部下の数を**管理の限界**といい，管理者のもつ専門知識職務を受け持つ時間，所在する部下との距離など，各種の影響によって管理の限界が生ずる．このため，直接に監督できる部下の数は，管理限界以下としなければならない．一般に管理効果のある人数は3～12人とされている．

2·2 工場の管理組織

工場の管理組織は，工場の種類，規模の大小，作業条件などによって各種のものが考えられるが，組織の編成にあたっては，組織の原則にしたがって行うことが大切である．組織の種類をあげる前に，ラインとスタッフについて説明する．

1. ラインとスタッフ

ラインとスタッフという二つの語は，組織の中では次のような意味をもっている．

ライン（line）とは，購買，製造，運搬，販売といった企業の基本となる部門のことをいい，その企業の主流として，生産の仕事を一定の責任と権限をもって第一線で実行する．

これに対して**スタッフ**（staff）は，経営者やライン部門の活動が充分に行うことができるように，助言，勧告，立案などを側面から援助する人または部門をいう．企業組織が大きくなり，経営活動が複雑化するに伴って生じたもので，経理，監査，技術，企画，調査などがこれに相当する．

2. ライン組織（直系組織）

図2·1に示すように，工場長，職長，作業者などの順に，上位から下位の層まで，命令と権限が1本の線で結ばれている組織を**ライン組織**（line organization）といい，直系組織または軍隊の編成組織に似ているところから，軍隊組織などとも呼ばれている．

この組織の長所・短所をあげれば，次のとおりである．

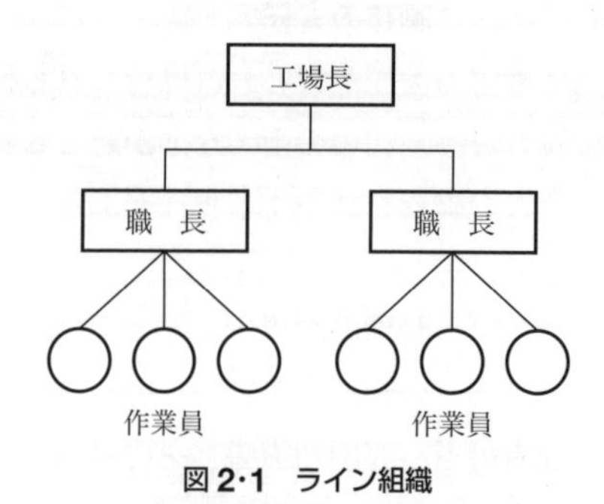

図2·1 ライン組織

〔長所〕

① 命令系統が単純でわかりやすいので，命令や指示が徹底する．

② 指揮の権限が直線的に貫かれるので，仕事の調整が容易である．

③ 教育・訓練がゆきとどき，職場の規律を正しく保つことができる．

〔短所〕

① 横方向の系列間との連絡・協調がとりにくく，仕事がひとりよがりになる．

② 企業規模が大きくなり，仕事が複雑化すると，上位者は仕事の企画・指導の全部を引き受けるため，負担が重くなる．

③ 技術が高度化，複雑化するにしたがい，監督者には管理能力のほかに広い専門知識が要求されるので，このような万能の監督者を養成することが困難となる．

ライン組織は以上の特徴から，とくに小規模の企業とか，他の組織と併用するときに適用される．

3. 機能組織

機能組織（functional organization）は，万能の職長を必要とするライン組織の欠点を除いて，管理の職務を複数の専門分野に分け，それぞれ専門の知識や経験をもつ職長を配置し，作業者を指揮・監督するように構成した組織で，**ファンクショナル組織**，**職能組織**などともいう．

この組織はアメリカのテイラーによって，企業の拡大化，複雑化に対処するために考えられたものである．図 **2·2** はこの組織の一例を示したもので，各作業者は，一つの作業について多くの職長から指導・監督を受けることになる．

この組織の長所・短所をあげると，次のとおりである．

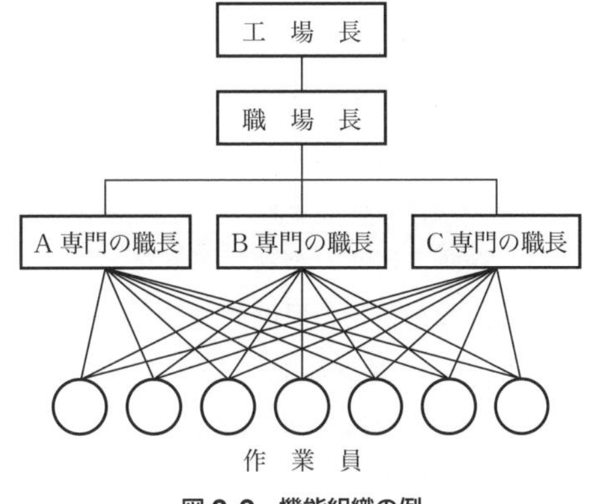

図 2·2　機能組織の例

〔長所〕

① 作業員の専門技能が向上する．

② 職長の負担を軽くし，高度の専門能力を生かすことができる．

③ 職長の担当する職務が分業化しているから，後継者の育成が容易である．

〔短所〕

① 各作業員は，複数の職長から指揮・監督を受けるので，統一を欠いて混乱が生じやすい．

② 各職長の担当職務を明確に定めておかないと，権限が重複して職長間に摩擦が生ずる．

③ 職長が不在のとき，その代わりを務める者が得にくい．

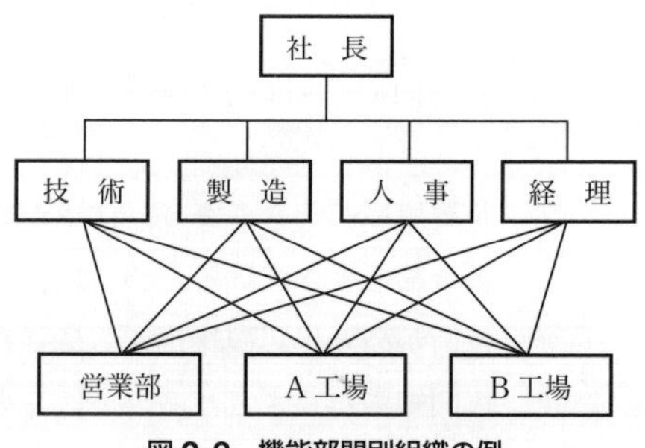

図 2·3 機能部門別組織の例

このテイラーの機能組織の考え方は，1人の作業者に対して複数の職長からの指揮・監督を行うことが，組織の原則にも反して致命的な欠点となり，そのままの組織形態としては用いられなくなっているが，他の組織と併用したり，あるいは企業全体の管理組織として，図 **2·3** に示すような機能部門別組織などの形態に応用されたりしている．

4. ライン スタッフ組織

前に述べたライン組織に加えて，機能組織の専門集団をスタッフとして援助させる組織が，**ライン スタッフ組織**（line staff organization）である．

ライン組織は，指揮・命令を統一して組織の規律と安定をはかり，スタッフは，企画，研究，調査，調整などの専門的な技術情報の提供や助言を担当している．ライン組織の長所を生かし，その短所をスタッフの採用によって補った管理組織である．

すなわち，命令の統一や権限の委任などの組織の原則を有効に取り入れたもので，現在，多くの企業に採用されている．

図 **2·4** はライン スタッフ組織の一例を示したものである．この組織の長所・短所をあげると，次のとおりであ

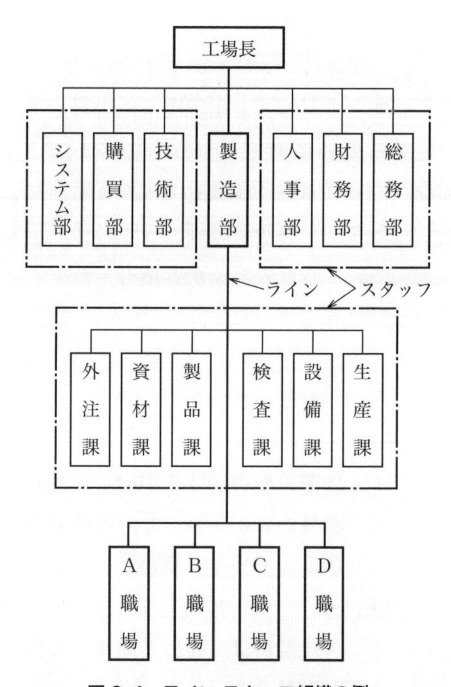

図 2·4 ライン スタッフ組織の例

る．

〔長所〕

① 熟達した専門家の知識を大幅に利用できる．

② ラインの担当者は管理業務に専念できる．

③ 職責と権限を分散させないで，専門化の組織が得られる．

④ 企業が安定し能率があがる．

〔短所〕

① スタッフの職務と責任が明確に定められてないと，ラインとの間に摩擦が生じて混乱を起こすことがある．

② ラインの人たちにスタッフの助言を理解する能力が欠けていると，ラインとスタッフ間に摩擦が生じたり，作業者に対し誤った指示が行われる．

③ スタッフの調査・研究が片寄ったり，その機能を遂行する権限が欠けていると，充分な効果があがらない．

5. 事業部制組織

大企業において，2種以上の異なった製品を大量に生産している場合，各製品ごとに一つの事業部をつくり，生産から販売までの管理の責任と権限をもたせ，独立の部門とした組織を**事業部制組織**という．

製品別のほか，地域別，市場別などにも用いられ，それぞれの事業部ごとに，みずから生産計画を立てて原価を切り下げたり，売上げの増進をはかり，利益の責任を負う．

この組織の長所・短所をあげると，次のとおりである．

〔長所〕

① 権限が下部に委任されているため，仕事上の決定や処理が早くなり，各種の変化に敏速に対処することができる．

② 経営・管理に対する意欲を向上させ，責任感を旺盛にする．

③ 経営管理組織の最上層部の負担を軽くし，経営管理の有能な幹部の育成ができる．

〔短所〕

① 事業部意識が強くなりすぎると，競争意識が過大となって，会社全体の協調性が失われる．

② 事業部長の養成をしておかないと，人材不足となり，運営に支障をきたす

おそれがある．

③ 各事業部だけの利益を追求するあまり，会社全体の利益の配慮に欠けることがある．

6. 小集団組織

企業が拡大され組織が複雑化すると，各部門の連帯感や責任感が薄れて，意見や解釈の違いや連絡不充分で摩擦を生じたり，個人の創造の意欲がとぼしくなる傾向が生ずる．これらに対して，次のような**小集団組織**を設けて，部門間の調整や活力の向上をはかっている．

(1) 委員会組織

ラインやスタッフなどの各部門から代表が集まり，提案された諸問題について情報や意見を交換し，最良の解答を求める会議を行うための組織を**委員会組織**といい，会議の結果，諸問題の調整や勧告などが行われる．

工場における委員会の種類には，職場連絡会，職長連絡会，生産委員会，技術委員会，設備委員会，安全委員会などがある．

この組織の長所・短所をあげると，次のとおりである．

〔長所〕

① 多くの関係する部門間における重要な計画や実行の課題についての，連絡や調整がうまく運ぶ．

② 多くの人たちの異なった経験や知識を集めるので，視野の広い解答が得られる．

③ 問題解決の重要な話合いに参加することにより，協力の意欲を高める．

④ 委員会への参加によって企業全体の活動がわかるので，管理者の養成に役立つ．

〔短所〕

① 集団での話合いなので，会議のやり方が悪いと時間の空費となる．

② 多くの委員で決めるので，責任と権限を明確にしておかないと，責任逃れの場となる．

③ 会議のための準備や出席は，ラインに対して時間と費用の犠牲を払うことになる．

(2) プロジェクト組織

研究開発や生産などにおける管理活動の新しい特別な計画や課題を**プロジェクト**

(project) という．このプロジェクトを効果的に解決するために，それらの問題解決に適した能力をもつ人材を，各専門分野から集めてチームをつくり，問題が解決すれば解散する．このような一時的な組織を**プロジェクト組織**という．

プロジェクト組織は，新技術・新製品の研究開発，新製品の量産開始までの準備と作業，全社にわたる組織や制度の改革，新しい情報システムの導入，建物，施設，道路，鉄道などの建設工事などに適用されている．

(3) QC サークル

現場の職長や組長を指導者として，同じ職場内で，品質管理（QC）の活動を自主的に行う小グループを**QC サークル**という．これは日本で生まれた小集団活動である*．

この小グループは，全社協力による QC 活動の一環として，自己啓発，相互啓発を行い，QC に関する各種の手法を活用して，職場の管理，改善を全員が参加して継続的に行うものである．

さらに，QC サークル活動の基本的な考え方は，次のとおりである．

① 企業の体質改善，発展に寄与する．

② 人間性を尊重して，生きがいのある明るい職場をつくる．

③ 人間の能力を発揮し，無限の可能性を引き出す．

QC サークルのグループ活動の特徴の一つに，活動の結果報告として**QC ストーリ**と呼ぶ改善活動の筋書きについての発表が，グループの代表者により会合の形式で行われる．

---

* QC サークルは，全国の 9 地域に支部をもち，本部は日本科学技術連盟内に設置されている．QC サークル全国大会，全日本選抜 QC サークル大会，事務・販売・サービス〔含む医療・福祉〕部門全日本選抜 QC サークル大会，国際 QC サークル大会などが開催され，小集団改善活動の普及と交流が行われている．

3

生産の基本的な計画

企業が生産活動を始めるにあたって，一般に次のような順序で生産の基本的な計画を立てる．

① **製品計画**　どのような品種，品質，性能，価格の製品をつくるのか．

② **生産計画**　どのような生産方法で，数量や期間はどのくらいか．

③ **工場計画**　以上の二つの項目を実施するには，どの場所に，どのような施設や設備を必要とするか．

これらの基本計画は，以上の事項について最も経済的で合理的な計画を立てることが必要である．また，これらの計画を立てるにあたっては，製造，販売，財務などの関係部門が協議を行い，生産活動に必要な資金や労働力の問題を含めて検討し，社長，副社長，専務などの最高の経営者層が最終的に決定する．

3·1　製品計画

製品の品種，品質，性能，数量，価格，時期などについて，需要者の希望を反映させ，利益が確保できるものをつくる計画を製品計画といい，その目的によって，新製品開発，現製品の改良または設計変更，現製品の新用途発見などがある．

製品計画にあたっては，次のような問題を推進させることが必要である．

① 市場における需要者の要求品目や競争品目の状況などの研究．

② アイデアの創造と評価および試作研究．

③ 特許や関係法規の研究．

④ 販売の時期，数量，価格，地域などの研究．

⑤ 計画の立案，統制．

1. 研究開発

研究・開発は，一般に基礎研究，応用研究および開発研究に分けられる．

① **基礎研究**　新しい事実や原理の発見など，ある一つの自然法則の発見を目ざして行われる研究である．

② **応用研究**　基礎研究によって発見された原理や法則を，産業上どのような問題に適用できるかの研究で，製品化の糸口を探ろうとするものである．

③ **開発研究**　応用研究を経て具体的な目標とする新製品を取り上げ，製品として市場での販売はどうか，製造方法はどうか，などの技術的な開発を研究する．新製品開発または実用化ともいう．

新製品の開発は，一般に製品企画，製品設計，試作・試験，生産準備の順序で行われる．研究開発には新製品の開発のほか，製品の改良，それらに伴う生産方式の研究などの分野がある．

製品が市場に登場してから，その姿を消すまでの過程を**ライフ サイクル**（life cycle）というが，この製品のライフサイクルは，技術の進歩にしたがってしだいに短くなっているので，企業は将来の市場の要望とその変化を予測して，新製品開発の研究を進めていく必要がある．また，これら研究開発を効果的に進めるには，開発部門を企業の全体組織の中に組み入れ，計画，推進，評価，事業化，開発費などについて明確に規定しておく必要がある．

2. 製品設計

製品計画に基づいて，これを製品化するために，形状，寸法，材料などを決めて図面に表すことを製品設計という．設計の手順は，一般に基本設計から詳細設計に移り，モデル（模型）の試作，実験，検討を経て最終設計に至る．

製品設計の目的によって基本的に大別すると，機能を重点とした機能設計と生産を重点とした生産設計とがある．

① **機能設計**　製品を設計する際に最初に着手する設計で，所定の機能を発揮し，使用者に対して充分に満足を与えるような性能をもつ品物を設計することである．

② **生産設計**　機能設計で示された基本方針に基づき，機能に支障をきたさない範囲で，生産の立場から考えて適切とする設計を行うもので，形状・寸法・材料・生産技術・部品の互換性などを考慮して，最も安価に能率よく仕上がるように図面化することである．製作図ともいわれ，機械工業では

組立図，部品組立図，部品図などが描かれる．

③ **試作** 企画や設計の目標が実際に適切な効果を表すかどうかを，実地に検討して確認するため，実物を製作することを試作という．

試作を分類すると，通常，製品の性能に重点をおいた性能試作，主として，量産の可能性はどうか，また，量産によって品質に変化が生ずるかどうかなどの確認を中心とした量産試作，耐久力を主眼とした耐久試作などに分けられる．また，計画立案に必要な資料を得るため，設計の前に行われる試作として研究試作がある．

3·2 生産計画

生産を開始する前に，製品設計に基づいて生産される製品について，その種類，品質，生産量，生産方式，場所，生産期間などについて，最小の費用で最大の利益を確保する合理的な計画を立てることが**生産計画**である．**JIS Z 8141** では，生産計画を「生産量と生産時期とに関する計画」と定義し，生産計画は，大日程計画，中日程計画，小日程計画に分ける場合があると説明している．さらに，生産計画は，製造戦略および経営戦略の下に位置付けられるものであり，販売計画および部品調達計画と連動させる必要があるとの説明もある．

1. 生産方式の選定

生産方式を各種の面から分けると，次のとおりである．

（1） 生産技術面からの分類

① **製品組立生産** 作業者，組立機械，ロボットなどを用いて，いくつかの部品を互いに接合して製品（完成品）を製造する（例：自動車組立工業）．

② **部品加工生産** 工具や工作機械を用い，材料の大きさや形を変えたり，表面を研磨したりする加工を行って種々の部品を製造する（例：機械部品製造工業）．

③ **プロセス生産** 装置を用いて原材料に化学的・物理的な処理を加えて製品を生産する（例：金属工業，化学工業）．**装置生産**，**進行生産**などともいう．

（2） **需要面からの分類**

① **受注生産**　顧客の要求に応じ，顧客が定めた仕様の製品を生産者が生産する．**注文生産**ともいう（例：産業用特殊機械の製造）．

② **見込生産**　生産者があらかじめ市場の需要を見込んで企画・設計した製品を生産し，不特定な顧客を対象として市場に出荷する．見越生産ともいう（例：自動車工業，電化製品工業）．

（3） **品種と生産量からの分類**

① **多種少量生産**　多くの種類の製品を少量ずつ生産する．受注生産と関連している．

② **少種多量生産**　一種あるいは少種類で多量の製品を継続的に生産する．見込生産に関連している．

③ **中種中量生産**　多種少量生産と少種多量生産の中間的な生産である．

（4） **製造品のまとめ方からの分類**

① **個別生産**　個々の顧客の注文に応じて，その都度1回限りの生産をする（例：化学プラント，造船）．個別生産は，個々の注文に応じるには受注後に生産することから，受注生産の形態をとることが多い．また個別生産は，連続生産の反義語でもある．

② **連続生産**　専用の機械や装置を設置して，同じ種類の製品を一定期間連続して生産する．連続生産は，個別生産の反義語である．

③ **ロット生産**　複数の製品を品種ごとにまとめて交互に生産する形態で，同じ品種で一定の数量をまとめたものの集まりを**ロット**（lot）または**バッチ**（batch）という．1ロットを構成するものの数量を**ロットの大きさ**または**ロットサイズ**（lot size）といい，ロットサイズを決める手続きを**ロットサイジング**（lot sizing）という．

実際は，これらの特性をいろいろ組み合わせて適用することが多く，一般に用いられる組み合わせは，表**3·1**に示すとおりである．

表3·1　生産方式の関連

	技術特性	需要特性	品種と生産量	製品のまとめ方
生産方式	製品組立生産	受注生産	多種少量生産	個別生産
	部品加工生産		中種中量生産	ロット生産
	プロセス生産	見込生産	少種多量生産	連続生産

2. 生産計画の進め方

生産計画を受けもつ者からみた進め方の内容・順序は，次のとおりである．

① 経営者や販売部門は，製品の長期にわたる需要量を予測し，生産計画の基本方針を決める．

② 製造部門（工場）においては，①の基本方針に基づいて，工程計画，作業員と機械設備の計画，材料の手配計画などを行う．

③ 作業部門（職場）においては，②の計画に基づいて，月，旬，週，日などを単位とする仕事量や人員を計画する．

この場合，現有能力を確かめ，仕事量の多いときは，残業や休日出勤による時間の延長をはかり，あるいは外注の手配をする．なおも不足の場合は，始めの計画にさかのぼって，納入の期日や生産数量を調整する．

3. 期間別の生産計画

生産計画は，その期間によって一般に次の三つに分けられ，主として，大きい計画は経営者に，小さい計画は管理者に関連することになる．

（1） 長期生産計画

長期生産計画は大日程計画とも呼ばれ，必要に応じて１年～数年の長期にわたる製品の需要を予測し，この予測に基づいて半年～１年の生産計画を立て，設備，人員，資材などの必要量を求め，生産目標の方向づけを行う．この計画に基づいて作成される計画は，資材購入計画，在庫計画，外注計画人員計画，設備計画，資金計画などがある．

（2） 中期生産計画

中期生産計画は中日程計画とも呼ばれ，１～３か月の期間において，生産に必要な設備，人員，資材の入手時期を求め，製造される品目，数量，期間などの具体的な諸手配を行う．計画化にあたっては，現有の生産能力，製品の在庫量，長期生産計画および前月の生産計画などを参考にし，過不足の対策を含めて行う．

（3） 短期生産計画

短期生産計画は小日程計画とも呼ばれ，通常，１日，１週間または１旬の期間における計画で，生産数量の確定した品目に対して，どの仕事を，どの職場で，いつ開始して完了するかを決める．

3·3 工場計画

工場計画とは，最も合理的な**生産管理**を実現して生産性を向上させ，快適に生産活動の行える工場をつくるための計画をいう．JIS Z 8141 では，工場計画について，工場を新規に設置する場合，または既存の工場に新たな棟を増築または改築する場合の諸計画の総称であり，立地選定，立地内建物配置，建物建築計画．建物内ゾーニング，居室内機械配置，建物内設備計画などを含む総合計画であると説明されている．工場計画の狙いは，関係法令に従った範囲内で，設定したコンセプトに従い，建設コストや運用コストを抑えることにある．工場計画では，工場立地法，都市計画法，建築基準法，消防法，高圧ガス保安法．道路交通法など多数の法律が絡んでくる．

具体的な目標としては，従業員の安全や衛生を考え，製造時間を短縮して運搬を軽減し，機械や人力の利用率を高め，不適合品の発生を防止し，管理，監督を行いやすくすることなどが考えられる．

工場の建設には多くの異なる専門技術を必要とするので，各専門分野の人たちが，互いに技術知識を出し合い協力して計画にあたり，資料の収集，分析，検討，調整などを実施しなければならない．

1. 工場立地

工場立地とは，工場周辺の条件を考えて，生産に最も適した敷地を選定することである．ここで，工場立地の諸条件を述べる．

（1） 自然的条件

土地の地域的な自然条件のことで，次のとおりである．

① 地形，地質，気候風土が適しているか．

② 工業用水，飲料水などが充分に得られるか．

③ 原材料，電力，燃料などが得やすいか．

（2） 経済的条件

経済的な見地からの条件で，次のとおりである．

① 地価は工場の必要位置に応じた値であるか．

② 輸送，通信，通勤は便利であるか．

③ 労働力は質・量の点で必要量が得られるか．

④ 協力工場や関連する他企業との関係はよいか．

⑤ 租税，保険料などはどうか．

（3） 社会的条件

政治・社会などに対する条件で，次のとおりである．

① 建築基準法，消防法，地方条例などの関連取締法規はどうか．

② 都市計画，国土計画，地方開発計画などを検討のうえ活用する．

③ 地域社会の政治的・社会的安定度や協力はどうか．

2. 工場敷地

工場立地の諸条件を満足する地域が決定したならば，**工場敷地**の選定と造成にあたって，次の諸条件を検討しなければならない．

① 敷地の地形（土地の形状や高低），地質（地盤の硬軟），面積などは適当であるか．

② 水道，電力，ガスなどの利用はしやすいか．また，工業用水（地下水，河川水）などの水質，水量は適切であるか．

③ 排水，廃棄物，排煙，排ガス，臭気，騒音，振動などの周辺に及ぼす環境影響はどうか．また，その処理対策はどうか．

④ インターチェンジ，主要道路，港湾，空港などの輸送に対する交通機関は利用しやすいか．

⑤ 将来において敷地を拡張することができるかどうか．

3. 工場建築

工場敷地が決まると工場の建築に着手するが，**工場建築**にまず必要とされる条件は，工場の生産が能率よく行われると同時に，従業員が快適に作業のできる環境としなければならない．そのために，次にあげる項目について検討する．

（1） 建物の配置計画

配置計画にあたって考えられる主な要項をあげると，次のとおりである．

① 各生産の建物は生産工程の順序にしたがって配置され，その経路は最短距離であること．

② 原材料の倉庫や製品の格納庫が工場内外の運搬に便利であること．

③ 工場内外の関連する各施設との連絡が容易にとれること．

④ 工場周囲からの振動，騒音などの影響，火災・地震・風水害などの防災対

策を考慮すること．

⑤ 工場内外の交通道路あるいは敷地の地形などに対して最適の配置であること．

(2) 必要とする建物および施設

工場に配置を必要とする建物およびそれに伴う施設は，製造品目によっても異なるが，その一例を示すと次のとおりである．

① 製造用の建物 … 機械・設備などの設置により直接に製造を行い，工場の中心となる建物で，とくに収容物に応じた棟数と面積に留意することが必要である．

② 生産上の関連施設 … 生産に関して間接に関係をもつ施設で，事務所，守衛所，研究・設計室，倉庫，動力施設，照明・給排水・空調施設，防災施設など．

③ 生活上の関連施設 … 従業員の生活のうえで必要な施設で，食堂，更衣室，図書室，洗面所，便所，駐車場，自転車置場，宿舎，浴場，診療所など．

(3) 建物の形式

工場建物の平面図形は図 **3･1** に示すように各種のものがある．工場の平面形式は，生産工程や敷地面の形状・大小などを考えて決める．

また，建物の形式を階層によって分類すると，一般に単層（平家建て）と多層(2 階建て以上）とに分けられる．この二つの形式の特徴を比較すると，単層の場合は，敷地面積が広くなるが，建設費が比較的安く，重量のある設備機械のすえ付けや資材の運搬を容易に行うことができ，多層の場合は，敷地を有効に利用できるが，重量のある資材の運搬には不適当で，小形軽量の品目を取り扱うことになる．多層形式の適用例として，軽くて多量の原料を連続加工する製粉工場，製菓工場，製薬工場などがある．

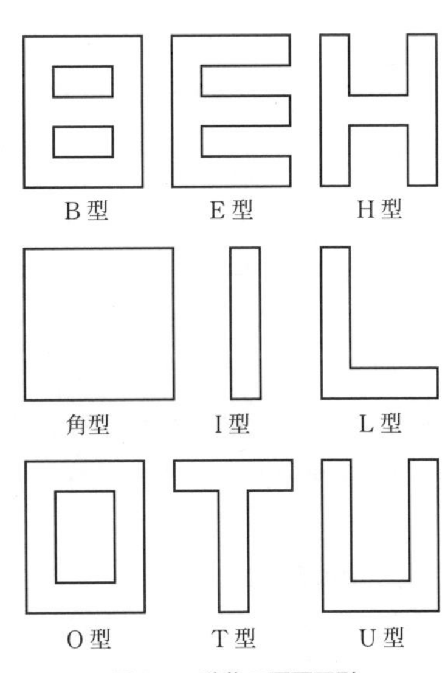

図 3･1　建物の平面図形

(4) 建物の構造と面積

工場建物の構造には，木造，鉄骨造，鉄筋コンクリート造および鉄骨・鉄筋コンクリート造などの種類がある．これらのいずれを選定するかは，工場の種類，規模，生産方式，建築費，環境などを考えて選定する．なお，法律には，建築基準法，消防法，各地方条例などがあるので，これらの規則に配慮しなければならない．

とくに，製造を行う建物の面積を決める場合には，次の点を考慮する．

① 設置する機械や設備の台数および作業者数

② 機械・設備に関して，本体の占める位置と面積，それらを操作する面積および加工品の搬入または取付け面積．

③ 加工の工程順序

建物内への採光は，天井，上側面など上方からの順に照明効果があるため，鉄骨1階建ての工場は，図**3･2**の(**c**)図に示すように，のこぎり歯状の屋根をかけて上方の窓から採光を行う建物が多かった．しかし，建築技術の発達に伴って，大きな平面積を必要とする製造工程に対しては，鉄骨構造では立体トラスやアーチ屋根，鉄筋コンクリート造では，上方が平面で防水施工をした陸（ろく）屋根などを採用している．

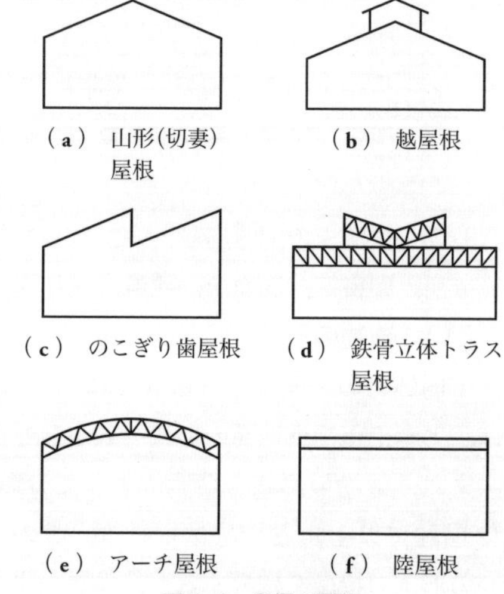

図3･2 屋根の種類

また，自然の採光，通風に代わって人工照明による方法などが考えられている．たとえば，生産上とくに一定の温度や湿度を必要とする精密加工・製薬・紡績の各工場，研究室などでは，まったく窓のない建物やクリーンルームを使用し，完全な人工照明と空気調和（エアコン）により，所定の生産環境を保つ方式も採用されている．

空気調和は，空気調和装置により室内空気の温度，湿度，気流および清浄度を，その使用目的に応じて最も適当な状態に調整し，さらには，じんあい，細菌，有害ガスなどを除去して空気を浄化する．

4. 設備配置

設備配置とは，定められた品質，数量，期間のもとに，最も安い価格で製品の生産ができるように，作業場，設備，資材などを合理的に配置することである．すなわち，次の諸点に留意して計画を立てなければならない．

① 生産物の流れ（生産工程）は**ムリ**，**ムラ**，**ムダ**を省いて合理的に行う．

② 人の移動距離を短くし，労力のムダな消費をなくす．

③ 運搬の距離や回数をできる限り少なくする．

④ 工場の床面積や空間を最も効果的に利用する．

⑤ 安全作業ができるように環境の整備を心掛ける．

工場における設備配置は，製品やそれを生産する機械設備の種類や数量，生産方式，作業の順序などを考えて計画するが，基本的なタイプをあげると図**3·3**のとおりである．

（1） 製品別配置

一つの製品または類似した製品グループを生産するための作業の流れに合わせて各工程に必要な機械を配置する**ライン生産方式**である．ライン生産では**流れ作業**による効率化が期待される．ラインの形状は，直線的なI字型のほか，U字型，J字型，L字型などがある．ライン生産の職場を**フロー ショップ**（Flow shop）という．製品別配置は，**製品別レイアウト**，**ライン編成**とも呼ばれ，次の二つがある．

（a） （タイプI） 製品別ライン

製品別ラインは，製品別に専用の機械を工程順に配置し，ライン化した設備配置であり，**専用ライン生産**とも呼ばれる．材料の流れはライン状の流れで，各工程の処理時間が常にほぼ均一の場合は，各工程を同期させて一定のリズムで生産を進行できるので，ライン編成効率は高く，計画生産量の達成も比較的容易である．工程間の運搬を容易にし，ラインの生産速度を安定させるために，コンベヤを利用する場合が多い．製品別ラインでは，後述の**ライン バランシング**を適正化していくことが重要になる．

製品別ラインで生産する製品の特長は，一つの製品で多量の需要があり，配置した各工程の設備や作業者がほぼ100％稼働する単品種の多量生産の場合に適している．製品別ラインの生産システムでは，各工程の自動化・省人化を進めることで，品質の安定化，生産量と納期の確実化，原価の低減化，管理監督の容易化が期待できる．H. Fordは，自動車の大量生産にこの製品別ラインを構成し，自動車の大衆化に大きな貢献をした．

（b） （タイプII） 製品グループ別ライン

製品グループ別ラインは，各工程で使用する機械とその使用順序に類似性をもつ製品グループ別に，共通の加工機械を工程順にライン化した設備配置であり，**共通**

図3·3　設備配置のタイプ

配置タイプ		名称	製品の流れ
製品別配置	タイプI	製品別ライン （専用ライン生産）	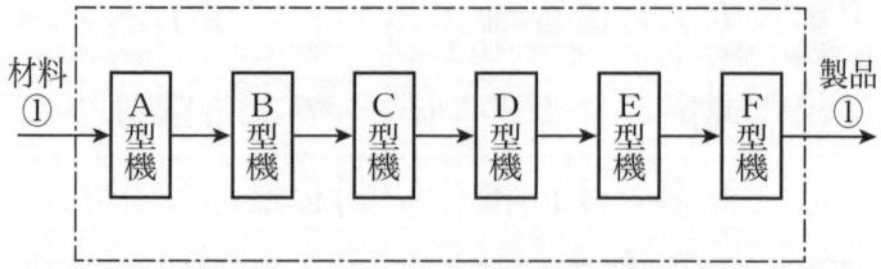 材料① A型機 B型機 C型機 D型機 E型機 F型機 製品①
	タイプII	製品グループ別ライン （共通ライン生産）	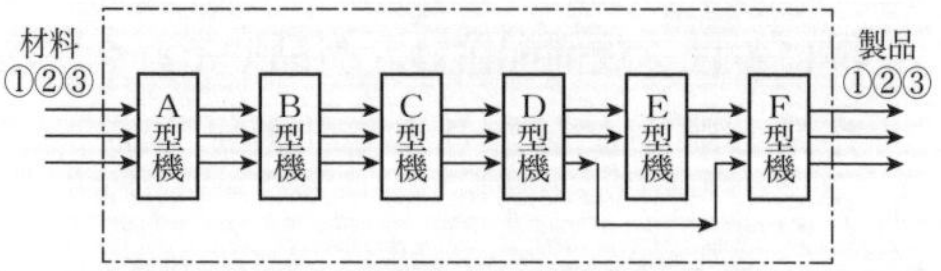 材料①②③ A型機 B型機 C型機 D型機 E型機 F型機 製品①②③
機械別配置	タイプIII	機械別ネットワーク （ジョブショップ型生産）	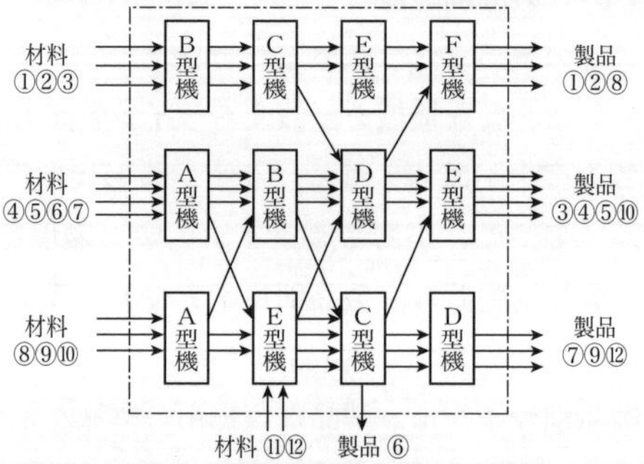 材料①②③ B型機 C型機 E型機 F型機 製品①②⑧ 材料④⑤⑥⑦ A型機 B型機 D型機 E型機 製品③④⑤⑩ 材料⑧⑨⑩ A型機 E型機 C型機 D型機 製品⑦⑨⑫ 材料⑪⑫ 製品⑥
	タイプIV	機械グループ別 ネットワーク （ジョブショップ型生産）	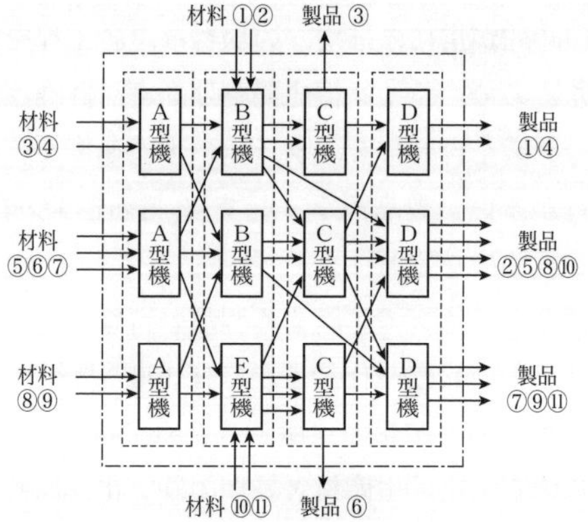 材料①② 製品③ 材料③④ A型機 B型機 C型機 D型機 製品①④ 材料⑤⑥⑦ A型機 B型機 C型機 D型機 製品②⑤⑧⑩ 材料⑧⑨ A型機 E型機 C型機 D型機 製品⑦⑨⑪ 材料⑩⑪ 製品⑥
材料固定配置	タイプV	材料定置式 （材料固定型生産）	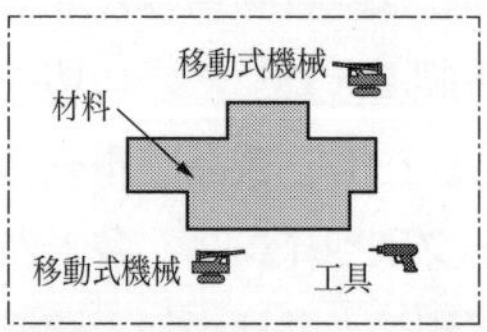 移動式機械 材料 移動式機械 工具

ライン生産とも呼ばれる．製品別ラインは単品種で生産ラインを構成しているが，製品グループ別ラインでは，複数の類似した製品群で効率的なライン生産を実現しようとする生産方式である．

製品グループ別ラインで生産する製品群の特長は，以下のとおりである．

① 同じグループの製品は，互いに，各工程で使用する機械や作業内容が類似している．

② ①の条件とともに，各製品の工程の順序が類似している．すなわち工程系列，機械の使用順序，作業の進行順序などがほぼ同じである．

③ ①と②の条件とともに，各製品の各工程での処理時間（作業時間，加工時間，組立時間など）が常にほぼ同じ（処理時間の平均値はほぼ均一，分散は相対的に小さいこと）である．

製品グループ別ラインを稼働させるには，次の二つの方式がある．

（i） ライン切換方式

ライン切換方式とは，製品グループ別ラインにおいて，ある一定期間では同じ品種の製品を連続的に流して生産する方式であり，その期間内は製品別ラインと同様に機能させることができる．同じ製品グループの製品をA，B，Cとすると，製品の流し方はAAAAAA＊BBBBB＊CCCCC＊AAAAA＊…のように流す方式である．ここに＊は品種の切換作業を意味し，品種切換時に必要な段取作業とその段取時間がある．ライン切換方式で生産する場合は，ある品種がまとめて生産され，他の品種はその順番になるまで生産されないから，製品別にみると間欠生産になっている．製品群の需要条件，在庫管理，出荷計画など面から間欠生産が許容される場合には，ライン切換方式は製品別ラインと同様の高効率な生産が期待できる．

（ii） 混合品種方式

混合品種方式とは，**混流方式**とも呼ばれ，製品グループ別ラインにおいて，同じ製品グループの製品を需要量や需要順序を考慮して，品種を混ぜ合わせて流す方式である．製品の流し方は，上記と対比させると，AA＊B＊C＊AA＊B＊C＊A＊BB＊CC＊A＊…のように流す方式である．ここに＊は品種の切換作業であるが，この方式では頻繁に切換作業が入るので，切換の段取時間がきわめて短い，または切換の段取作業を必要としない場合に適している．混合品種方式は，前述の製品グループ別製品の条件とともに，品種切換が容易であり，切換時間も無視できるほど短いという条件が成り立ち，しかもできるだけ短期間で種々の品種の需要を満足し，在庫量を最小化したい場合に適する．自動車の組立ラインは，投入した設備投資金額が高く，製品の製造原価も高いので，各工程での作業時間を均一化し，切換時間を最小化する改善を積み重ねて，効率の高い混合品種方式を実現している例である．混合品種組立ラインへ投入する品種の順序を決定する方式は，**混合品種ライン投入方式**という．これには，固定サイクル投入方式（fixed-rate launching system）と可変サイクル投入方式（variable-rate launching system）とがある．前者は一定の時間間隔で品物を投入する方式であり，後者は品種に応じて時間間隔を変え，品物を投入する方式である．

（2） 機械別配置

機械別配置とは，使用機械や工程順序に製品相互の類似性が低い場合，または各製品の需要量（生産量）が専用ラインを必要とするほどない場合，類似製品グループが構成されても合計需要量が多くなく共通ラインでは稼働率が低くなりムダになる場合に，製品群全体として共通に用いる機械設備に基づいて機械や工程をネットワーク状に配置した生産システムである．したがって製品の流れは互いに錯そうし，ネットワーク状になる．機械別配置の職場は，ジョブ ショップ（job shop）という．機械別配置は，**ジョブ ショップ型生産**を採用する多種少量生産の工場に見られる方式である．

機械別配置の工場で生産される製品の特長は，以下のとおりである．

① 製品の品種が多く，需要量が変動する．

② 生産対象の製品群の工程系列が様々で，工程順序に種々の違いがある．

③ 製品ごとに工程時間が変動し，あるいは同じ製品でも各工程の作業時間や加工時間が均一でない．

④ 高度な加工技術を必要とし，加工系列や加工時間を確定することが困難である．

機械別配置は，**工程別レイアウト**，**機種別配置**，**機械グループ編成**とも呼ばれ，次の二つがある．

（a）（タイプIII） 機械別ネットワーク

機械別ネットワークは，機械別配置の職場で，各機械間を移動する製品の運搬距離の短縮化を図った生産システムである．工場におけるモノの移動や取り扱いは**マテリアル ハンドリング**（material handling）と呼ばれ，機械別配置の工場では，マテリアル ハンドリングに要する作業に多大な手間や時間がかかることが多い．機械別ネットワークの配置は，マテリアル ハンドリングの合理化を重視する場合に採用される方式である．

（b）（タイプⅣ）**機械グループ別ネットワーク**

機械グループ別ネットワークは，機械別配置の職場で，上記の機械別ネットワークのもつ運搬距離の短縮化を犠牲にして，同一系統の機械を集合して機械グループを単位として構成した生産システムである．同一系統の機械とは，同じ専門技能を要する機械を指し，高度な専門技能をもつ熟練者のもとで専門技能集団を形成し，技能の向上と生産能力の強化，技術者管理の容易化などを重視する場合に，機械グループ別ネットワークの配置が採用される．

（3）（タイプⅤ）**材料定置式**

材料定置式とは，一般に巨大で重量が重い材料を床上，治具上，パレット上，または作業台上に固定または定置させたまま，種々の移動式機械や工具を用いて，全工程の加工や作業を行う生産システムである．材料定置式は，製品や生産の特性上，移動させることが困難な場合に見られる方式で，たとえば大型船舶の建造などである．

ただし材料の移動が可能な場合であっても，生産量がきわめて少数または単品の個別・受注生産などの場合に，ライン生産は経済的でない，あるいは上記のいずれかの配置で生産可能であるが，機密保持が必要とされるなどの特殊条件がある場合にも採用される方式である．

材料定置式は，**材料固定型生産**，**固定式配置**とも呼ばれ，材料の流れがない方式である．そのため生産に要する機械は，移動式機械であり，あるいは機械設備から加工作用点まで必要な配管や配線が可能な装置を取り付けて使用される．

4

工程管理

4·1 工程管理とは

原材料が加工されて製品化される生産活動の進行過程を**工程**といい，とくに工場内における一連の工程を**製造工程**と呼んでいる．この製造工程を能率的な方法で計画・運営することを**工程管理**という．

なお **JIS Z 8141** では，工程（process）を「入力を出力に変換する，相互に関連する経営資源および活動のまとまり」と定義し，**プロセス**とも呼ばれる．その経営資源には，要員，財源，施設，設備，技法および方法が含まれると説明されている．

すなわち，生産計画によって製品の品種，数量，完成時期および生産方式が決まると，工程計画や日程計画を立てて手順を決め，作業を割当て材料を届けて生産に着手させ，進度管理によって作業が計画どおり進行するように指導や統制を行う．

このように工程管理は，生産に伴う計画 ― 実施 ― 統制の一連の管理を行い，製品の生産量と納入期日の確実化をはかるもので，生産活動の中で最も重要な位置を占める．工程管理を機能の点から分類すると，表 **4·1** のとおりである．

表 4·1　工程管理の機能分類

	機能	計画・統制	内容
工程管理	計画機能	工程計画 日程計画	手順計画によって，作業の順序，方法，時間，場所などを計画し，受注数量に対する生産能力を明確にして調整を行う．
	統制機能	手配統制 工程統制	手配計画によって，作業の割当てや開始を行い，工程が予定どおり進行するように統制する．

4·2 工程計画

工程計画には，個々の製品の製作手順を計画する手順計画と，適切な機械や人員の配置を計画する工数計画，負荷計画などがある.

工程計画の実施を要するときとしては，多品種の製品を個別に生産する場合は，ほとんどすべての製品についてそのつど行う必要があるが，一定品種の製品を連続生産するような場合は，最初の生産段階で行えばよいことになる.

1. 手順計画

手順計画は，設計された製品について，設計図をもとに実際に品物を製作するのに必要な作業の順序や方法および機械や治工具，使用材料，加工場所などを決めることである. 手順計画を表にしたものを**手順表**または**工程表**といい，図 4·1 はその一例である. 手順表に記入する項目は，次のような内容について 1 品目ごとに作製する.

① 製品または部品の名称と番号.

② 作業の名称と内容および順序.

③ 作業者の必要人員と技能の程度.

手 順 表

年 月 日発行

略図	項目	内容
M 6 8 14 26	図 面 番 号	TP−185B
	製 品 名	歯 車 ポ ン プ
	部 品 名	植 込 ボ ル ト
	材 料	S 2 5 C
	1 台 分 個 数	2

工程番号	作業内容	作業指導票番号	使用機械	治工具	標準時間(分)	作業人員	備 考
1	旋 削	FOT−156	タレット旋盤	FO−205	2	1	
2	ねじ転造	FMS−130	ねじ転造機	FM−135	1	1	

図 4·1 手順表の例

④ 作業に使用する機械設備の機種，精度および治工具・取付け具.

⑤ 作業の標準時間.

⑥ 使用材料の品質，形状，寸法，数量など.

手順表は，製作の計画や手配の基礎資料として，製造現場で用いられるほか，倉庫，購買，外注，設備，治工具，労務などの各部門に送られ，生産の準備資料として利用される.

2. 工数計画

工数とは作業員1人による仕事量の単位をいい，仕事を1人の作業者で遂行するのに要する時間であり，通常は人・時間（1人1時間，マン アワー）で表す．人・日（1人1日）を単位とすることもあるが，この場合は**人工**（にんく）と呼んでいる．自動機械による作業の場合には，1台分の機械の稼働時間が基本となる.

工数計画とは，注文品の加工に必要な工数を，工程別あるいは部品別に人・日，人・時などの所要工数に換算することをいう．この計画は，基準日程計画，日程計画のほか，人員計画，設備計画，原価計算などの基礎資料となる.

工数計画の作成手順は次の手順**1**〜**4**に示すとおりで，さらに手順**5**に示すように，求めた負荷工数と能力工数によって，必要人員と必要機械台数を算出することができる.

手順1 標準工数を求める.

余裕時間を含めた製品1個当たりの作業の標準時間を**標準工数**という．なお，標準時間については**5·5**節に記載されている.

手順2 生産予定量を求める.

工程の不適合品率（不良率）を推定して次式により算出する.

$$\textbf{生産予定量} = \frac{\text{受注数量}}{1 - \text{不適合品率}}$$

手順3 1か月（一定期間）当たりの**負荷工数**を求める（一定期間をここでは1か月とした）.

工程に割り当てる仕事量を**負荷**といい，負荷工数は次式により算出する.

1か月当たりの負荷工数＝(標準工数)×(1か月当たりの生産予定量)

手順4 1か月当たりの**能力工数**を求める.

現有する作業員や機械が仕事を達成することのできる能力を工数で表したもの

を能力工数といい，次式により算出する．

① 1か月1人当たりの能力工数

＝(1日当たり実働時間*)×(1か月当たりの稼働日数)×(1－欠勤率)

② 1か月1台当たりの能力工数

＝(1日当たり実働時間)×(1か月当たりの稼働日数)×(1－故障率)

手順5 必要人員，必要機械台数を求める．

① $$\text{必要人員}=\frac{\text{1か月当たりの負荷工数}}{\text{1か月1人当たりの能力工数}}$$

② $$\text{必要機械台数}=\frac{\text{1か月当たりの負荷工数}}{\text{1か月1台当たりの能力工数}}$$

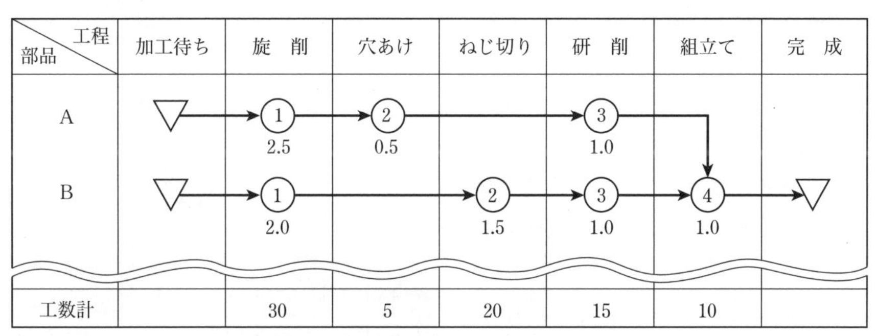

〔注〕○の中の数字は工程の順位，○の下の数字は工数を表している．

図4·2　工数表（工程別）の例

算出された工数は，工程別，部品別，職場別，注文別などに分けられ，工数表としてまとめられる．図**4·2**は，必要な各部品について，手順計画でつくられる加工手順に標準工数を記入した工程別工数表の一例を示したもので，図**4·3**は，加工順にしたがって，部品ごとに必要な工数を明らかにした部品別工数表の一例である．

部品／加工手順	部品A		部品B	
	工　程	工　数	工　程	工　数
1	旋　削	2.5	旋　削	2.0
2	穴あけ	0.5	ねじ切り	1.5
3	研　削	1.0	研　削	1.0
4			組立て	1.0
工数計		4.0		5.5

図4·3　工数表（部品別）の例

* **実働時間**　所定の就業時間（拘束時間）と早出・残業時間との合計から，所定の休憩時間と早退・遅刻時間を差し引いた時間をいい，**実質稼働時間**または**実稼働時間**などとも呼ばれる．

3. 負荷計画

注文品の負荷工数と工場の能力工数とを，工程別または職場別にまとめ，この両者を比較しながら生産量や納期などを考えて，仕事を期間別に配分することを**負荷計画**または**負荷配分**という．また，負荷を期間別に順次に積み重ねていくので，**負荷山積み法**または単に**山積み**とも呼ぶ*.

負荷計画において，もし作業能力が不足する場合は，作業時間の延長，外注などによって調整し，長期間に見とおして能力が不足するときには，設備や人員を増強することになる．

すなわち，工程計画者は，常に職種別や機械別の生産能力に対して，どれだけの仕事量を負荷することができるかを知っておく必要がある．この能力と負荷との差を**余力**と呼び，負荷と能力を均一化して余力を小さく維持できるように計画を立てることが大切である．

図4･4は新しく注文を受けた仕事量〔(a)図〕をすでに負荷計画ずみの機械1，機械2に負荷配分した結果〔(b)，(c)図〕を示したものである．

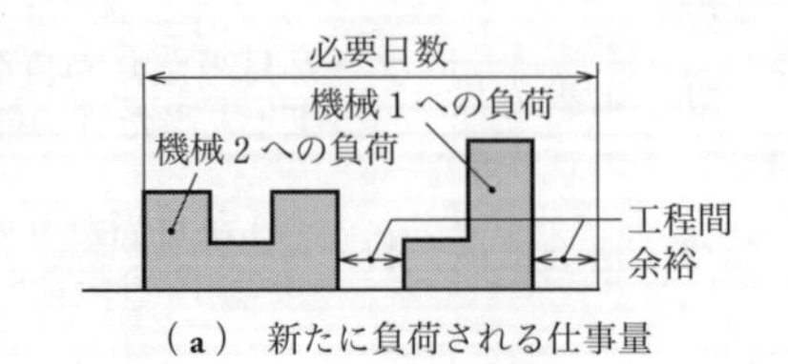

(a) 新たに負荷される仕事量

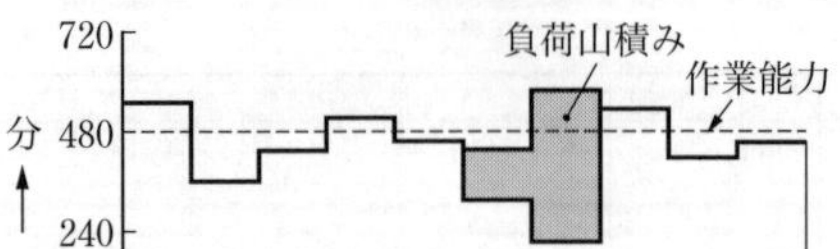

(b) 機械1

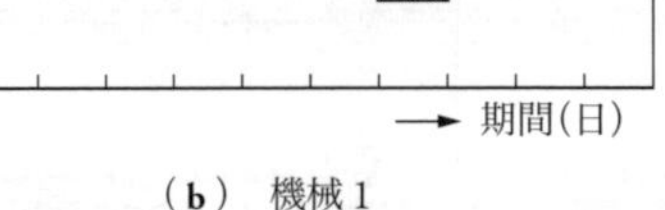

(c) 機械2

図4･4 負荷山積み法

負荷配分の方式には次の二通りの方法がある．

(1) 順行負荷法（フォワード方式）

現時点を基準として余力のある工程へ順次に負荷配分をして納期を算定する方法で，配分の手順は簡単であるが，納期にゆとりがないときは適用できない．

(2) 逆行負荷法（バックワード方式）

納期を基準として最終工程から逆方向へ順次に負荷配分する方法で，計画中に負荷の移動や調整が多いときは計算が複雑となるが，納期を基準とするので，製品在

---

* **負荷計画法** 一般に用いられるものには負荷山積み法，線形計画法，整数計画法，動的計画法などコンピュータ用としてプログラム化した各種のものが開発されている．

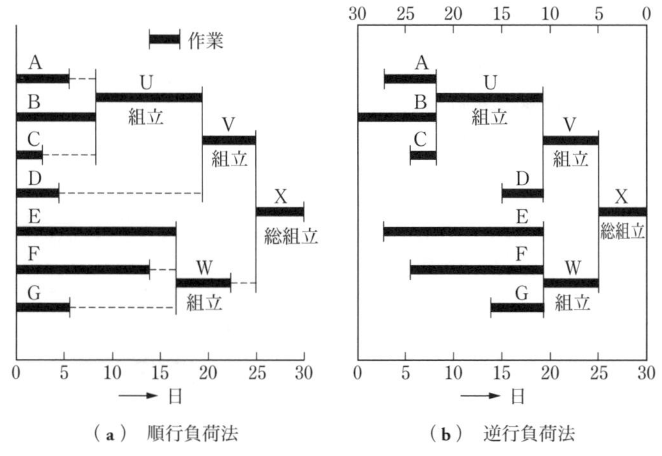

図 4·5　組立作業の負荷配分方式

庫の期間を短くするときや受注後の負荷配分などに適用される．

図 **4·5** は，組立作業における順行負荷法〔(**a**)図〕と逆行負荷法〔(**b**)図〕との負荷配分を示したものである．

4.　日程計画

(1)　日程計画とは

各工程の着手から完成までの作業の日取りを**日程**といい，**日程計画**とは，手順計画に基づいて作業に最も適した日程を計画することである．

すなわち，受注生産の場合は納期を目標とし，見込生産の場合は生産計画に定めた期日を目標として，資材の入手や設備・作業員の余力などを考えて，各作業を時間を中心として配列するもので，これによって，各工程の**稼働率**＊を高め，生産期間を短縮して，経済的な向上をはかるものである．

製品や部品の日程計画を表にしたものを**日程計画表**または**日程表**といい，その目的に応じて，製品別，部品別，機械別，作業別などの日程表がつくられる．また日程表には，生産計画で長期，中期，短期と分けたように，その利用目的に応じて，大日程，中日程，小日程がある．

①　**大日程計画**　工場長や**トップ マネジメント**として，半年ないし 1 年にわ

＊　**稼働率**　作業者や機械設備などの全作業時間に対して有効に働いた作業時間の比率をいう．

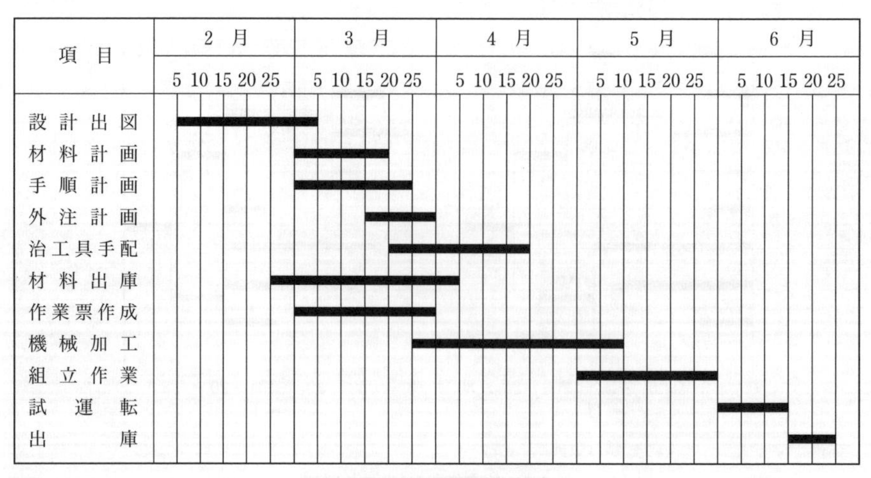

図4·6 総合日程表（製品別）

たって生産する毎月の品種や数量を中心とした日程計画.

② **中日程計画** 部門管理者用として，1～3か月にわたって生産する製品や部品の週間ないし旬間当たりの生産量を中心とした日程計画.

③ **小日程計画** 現場管理者用として週間ないし旬間にわたる作業の毎日の日程計画.

図4·6は製品別の大日程計画の一例を示したものである. 一般に日程計画は，次のような手順で行われる.

① 製品または製品群ごとの基準日程を立てる.

② 生産の大日程計画を立てる.

③ 製品や部品の中日程計画を立てる.

④ 作業の小日程計画を立てる.

（2） 基準日程の計画

一つの製品や部品を完成するに要する時間は加工時間だけではなく，そのほかに仕掛品の作業が完了するまでの加工待ち，工程間の運搬のための運搬待ち，その他の停滞を含めた余裕時間が必要となる.

これらの合計した時間を基準として，各工程を加工の手順にしたがって配列し，その製品または部品の生産着手から完成するまでの標準的な所要日程を明らかにしたものを**基準日程**といい，その単位には一般に1日が用いられる. この基準日程に影響をもつ余裕時間を見積る方法は過去数か月の実績値を調べてその平均値よりやや低めの値とする．図 **4･7** は基準日程の構成を示したものである．

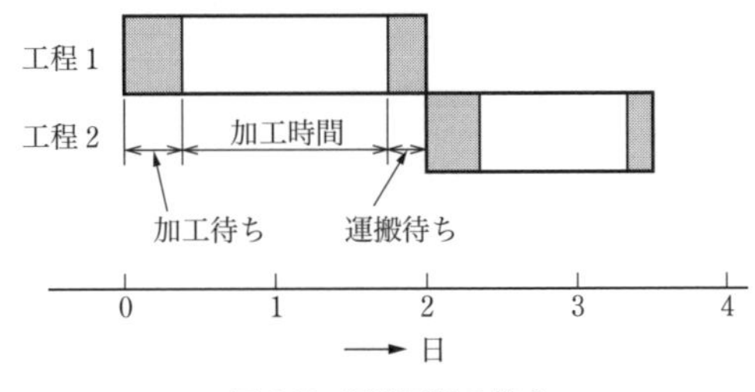

図 4･7　基準日程の構成

基準日程をつくる目的は，注文によって納期が定められたとき，納期内に作業を完了するためには，どの工程を先に行うべきか，また，その開始時期はいつになるかなど負荷配分の資料を求めることである．

ある注文について，図 **4･2** の工程手順を例として，基準日程をつくる手順を示すと，次のとおりである．

手順 1　個々の製品または部品の各工程ごとの基準日数を記入して，図 **4･8** に示すように表にまとめる．

部品＼加工順位	1		2		3		4	
	工　程	基準日数	工　程	基準日数	工　程	基準日数	工　程	基準日数
A	旋　削	3	穴あけ	1	研　削	1.5	→	
B	旋　削	2.5	ねじ切り	2	研　削	1.5	組立て	1

図 4･8　加工工程表

手順 2　手順計画に示された部品別の各工程を，図 **4･9** に示すように，加工手順にしたがって並べる．

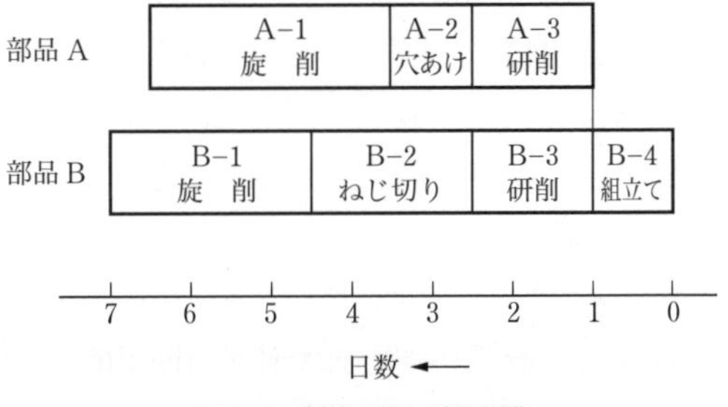

図 4･9　基準日程（部品別）

手順 3　加工手順の順位をそのままにして，各部品の工程が互いに重ならないように配置する．これを**基準日程表**といい，図 **4･10** に示す．

手順 4　基準日程表に示された右端の最終完了時を 0 とし，逆行負荷法により加工手順と逆の方向に日程を示す目盛をとると，この目盛によって納期内に作業を完了するための各工程の開始時期を知ることができる．目盛につけられた順位を

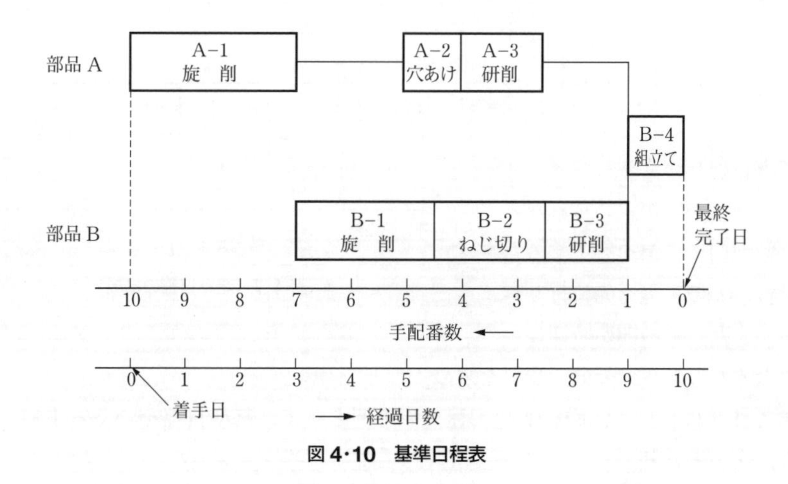

図4·10　基準日程表

表す数値を手配番数（略して手番）といい，その単位は，通常，1日を1番とするが，工期の長い場合は2日ないし1週間とすることもある．

4·3　作業の手配と統制

1. 作業手配

生産計画に基づいて作製された手配計画によって，機械，資材，人員などの準備が関係各部門に指示され，作業者や設備に作業を割当てて開始させる手続きを**作業手配**または**差立て**（さしたて）という．

JIS Z 8141 では，差立て（差立，dispatching）を「ある機械・設備で，1つのジョブの処理が終わったとき，次に処理すべきジョブ（作業）を決定し指示する活動」と定義し，ジョブの選択規則はディスパッチングルールと呼ばれる．ディスパッチングルールとは，待ちジョブの中から次に処理するジョブを決めるための規則であり，先着順規則，最小作業時間規則，最早納期規則などがある．

差立てにあたっては，作業の内容や時間などを記載し，作業着手を指示する**作業票**（図**4·11**），部品，材料あるいは治工具などの出庫を求める**出庫票**（図**4·12**），作業の中間品や完成品を検査・記録するための**検査票**（図**4·13**），各工程間における加工品の移動の順序，時期，移動先などの指示や受渡し記録に使用する**移動票**（図**4·14**）などを発行する．図**4·15**は各伝票が移動する経路を示したものである．

発行
年 月 日
No.　作 業 票　製番

図番	品番	数量
コード	品名	材質
職場	職番	工程
機械	作業者	標準時間
予定日	完成日	次工程
加工数	不適合品数	不適合原因
開始時間	終了時刻	所要時間

発行	作業長	検査	記録	工程	電算処理

図 4·11　作業票

発行
年 月 日　材料出庫票　製番
No.

工番	工名	図番	部品番	部品名	材質
組番	分番	材種	寸法	重量	数量

摘要		作業場	本	
			次	

機番	機名	職番	氏名	組名

材料準備事項	問合日時	回答日時	出庫指定日時	準備完了日時	扱者印	問合	
	注番	寸法	数量	単量		回答	
					出庫印	月日	
	総量	単価	金額				
						運搬	
備考			材料係			出庫	

図 4·12　材料出庫票

発行
年 月 日　検 査 表
No.

工番	工名	図番	部品番	部品名	材質
組番	分番	工程番	終工番	重量	

摘要		作業場	前	
			本	
			次	

機番	機名	職番	氏名	組名

運搬先		受入日		運搬印		受領印	

検査成績	No.	1	2	3	統計	検査統計	種別		数値
	合格						数率	出庫	
	不適合							合格	
	手直							比率	
	合計						歩留り率	材料	
	月日							製品	
	検査印							比率	
	備考					検査者		検査表	

図 4·13　検査票

発行
年 月 日
No.　移 動 表　製番

図番	品名	数量
コード		

No.	工程	数量	日付	受領印
1				
2				
3				
4				
5				
6				

処理

工程	処理	記録	備考

図 4·14　移動票

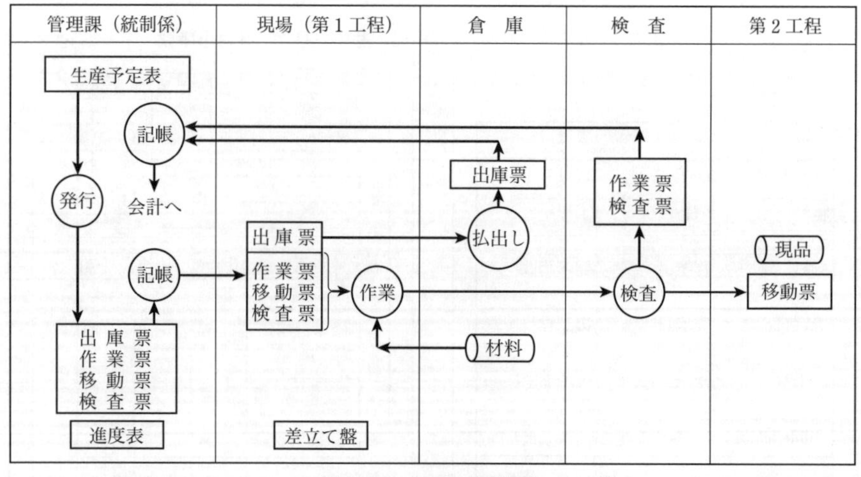

図 4·15 伝票の移動経路

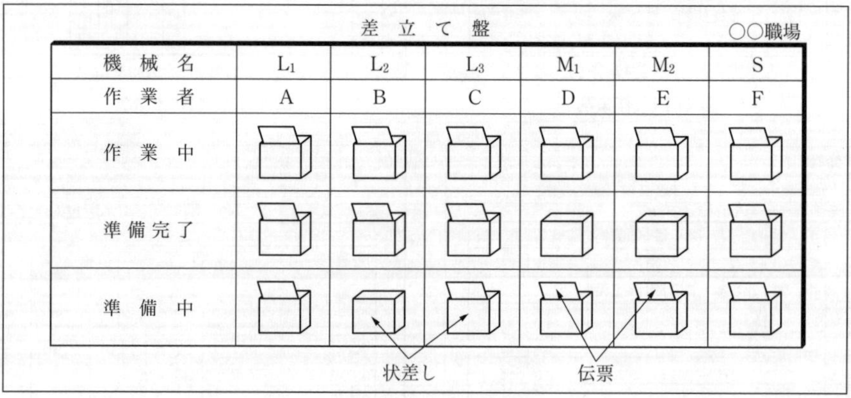

差立て盤 ○○職場

機械名	L_1	L_2	L_3	M_1	M_2	S
作業者	A	B	C	D	E	F
作業中						
準備完了						
準備中						

状差し　伝票

図 4·16 差立て盤

これらの伝票は，各現場担当の職長などが必要に応じて作成して発行するか，生産計画をたてる専門スタッフの手によって作成され，図 4·16 に示す**差立て盤（板）**という作業票の納入箱によって差立てが行われる．

最近では，伝票の発行や記載の代わりに情報システムを用い，作業場の端末機と総合管理室との応答によって，作業の手配や実施の情報伝達を迅速に行っている．

2. 工程統制

現場で作業が開始されると，現場管理者はたえず作業の進行に注意を払い，必要に応じて作業者に対して適切な指導を行い，さらに，次に示す進度管理，余力管理，現品管理などによって工程を統制する．

（1） **進度管理**

作業の進行中において，日程計画と実績とを比較して，その差があるときは原因を分析して必要な対策をとることを**進度管理**という．**JIS Z 8141** では，進度管理を**進捗**（しんちょく）**管理**（expediting follow-up）と呼び，「仕事に進行状況を把握し，日々の仕事の進み具合を調整する活動」と定義している．

進度管理を実施するにあたり，その手順をあげると，次に示すとおりである．

① 調査によって進度状態をつかむ．
② 予定と実績との進みと遅れの差を判定する．
③ 遅れが発生したら進度を訂正する．
④ 遅れの原因を調査し，その対策を立案して実施する．
⑤ 遅れの回復を確認したうえ，さらに進度の促進をはかる．

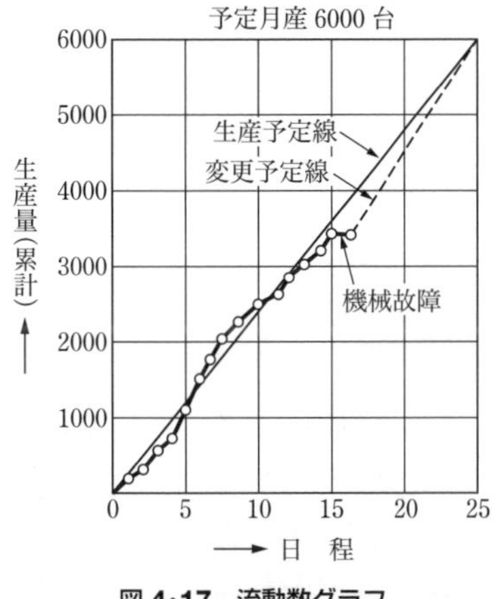

図 4·17　流動数グラフ

進度の調査を行うには，ロット生産ではガントチャート，流れ作業では図 **4·17** に示す**流動数グラフ**（斜線式進度表），新製品や試作品では PERT などが用いられる．

（2） **ガント チャート**

ガント チャート（Gantt chart）は，アメリカのガント（H. L. Gantt）によって考案されたもので，日程計画や生産の進行状況などを表示するときに用いられる管理図表である．図 **4·18** は機械加工の場合の一例を示したもので，左側の欄に機械，工程，製品，部品などの管理しようとする項目を記入し，上部の欄には月，週，日などで区分する．この図にあらかじめ各機械ごとの仕事量の予定を細線で記入しておき，実際に行った作業時間の累計を時間の経過とともに太線で書き入れていけば，計画と実績との差を明確に示すことができる．

このガント チャートは，つくり方が簡単で，各作業の時間的な進行が一見してわかるので，状況に応じて直ちに手を打つことができる．しかし，作業間の関係が表示されていないので，企業の規模が大きくなって作業の数が多くなると，どの作

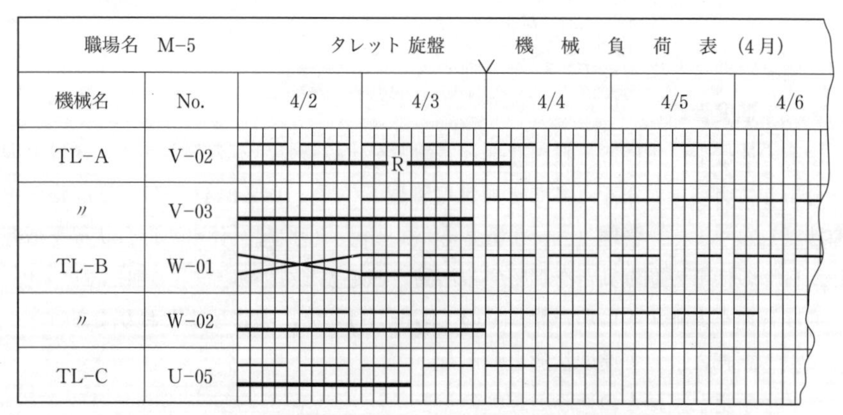

〔注〕 ╲╱ は調査時，R は修理，╳ 印は予備時間を表す．

図 4・18 ガントチャートの例

業を先に行ったら効果的であるのか不明確になる欠点がある．

（3） 余力管理

生産の進行中において，人員や機械設備の能力以上に仕事量（負荷）が与えられると，指示された日程を正確に進行させることができないし，反対に，能力が大きすぎると原価（コスト）を高くする原因をつくる．

4・2 節 **3** 項でも述べたように，工程の能力と負荷との差を余力といい，この余力をゼロにするか，あるいはできるだけ少なく保てるように調整することが**余力管理**である．余力は一般に，工数で表されるので**工数管理**とも呼ばれる．

余力管理を進めるには，一般に次の順序で行われる．

① 手持仕事量（負荷）を調査する．

② 人，機械，設備，原材料などの現有能力を調査する．

③ 余力を算出し，その値が大きいときは調整する．

④ 調整の結果を実施に移すために，小日程計画により予定表を作成する．

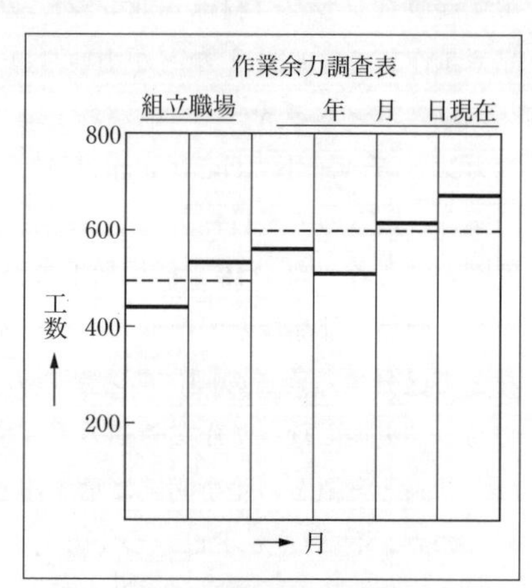

〔注〕 --- 作業能力，── 仕事量

図 4・19 作業余力調査表

余力調整で能力不足のときは，作業手配をやりなおすか，残業，他職場からの応援，外注などを行い，能力が大きすぎるときは，仕事量を増やすか，他職場への応援などの処置をとる．

作業の余力を調査するには，図 4･19 に示す**余力調査表**あるいは前述のガントチャートなどを用い，職場別，工程別に負荷と能力とを図示する．

余力調査は工程統制のとき役立つだけでなく，受注量や見込生産量の調節などにも重要な資料として利用することができる．

（4） 現品管理

材料が工場に入って次々に加工され製品となるとき，ある時点において現品の所在位置と数量を確認することを**現品管理**または**現物管理**という．

計画数量と現品数量との間に違いが生ずる原因は，移動の途中における現品の変質，破損，紛失，流用，置き場の移転，伝票の誤りなどによる．

これらに対する管理の方法としては，日々の出来高や不良状況の報告を進度表や台帳に記録して，予定と実績を比較し，さらに定期的に現品の調査（棚卸し）を実施して，実際の数量点検を行うことが必要である．また，管理の内容をより充実させるには，現品保管の責任者，場所，方法などを明らかにし，**現品票***などによる工程間の受渡しの確実な実施，容器の標準化，不良品の確実な管理などを行う．

4･4 PERT

1. PERTとは

PERT**は日程計画の一手法である．その特徴は，あらかじめ全工程の中から主要となる作業群を見つけ出して，優先的に合理化をはかり，工期を短縮しようとするもので，工程中の各作業を，図 4･20 のように矢線を用いた**ネットワーク**状の図形に表して計画を行うものである．

この手法の発生由来は，1958 年にアメリカ海軍がポラリスミサイル塔載の潜水

---

* **現品票**　現品札ともいい，現品の加工が完了するまで，移動する現品に針金またはセロテープなどで取りつけて，他の物品と明確に見分けられるようにするもので，記載の内容は移動票と同じである．

** **PERT**　語源は program evaluation and review technique（計画の評価と再検討の技法）で，これらの頭文字をとった略称であるが，経営工学以外の分野でもプロジェクト管理の方法として広く用いられている．

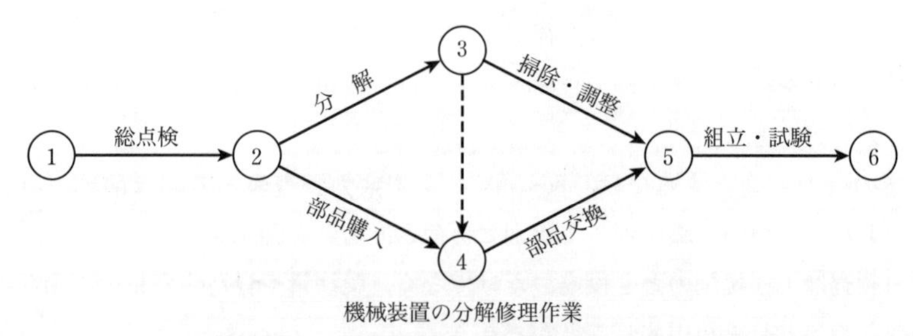

機械装置の分解修理作業

図 4·20 アローダイヤグラムによるネットワークの一例

艦を建造する際に開発されたもので，この計画手法によって初めの予定工期7年を2年も短縮させて完成させた．その結果，PERT が日程計画に有効適切な手段として注目され，一般に広く活用されるようになった．

主要な適用部門としては，工場建設，工場設備の配置や修理計画，新製品開発，その他複雑な関係をもつ作業工程，修理計画，建設工事などがあげられる．もし，ポラリス艦建造のように大きなプロジェクトで作業の数がきわめて多く複雑になる場合には，コンピュータの使用によって迅速に処理することができる．

すなわち PERT の手法は，工程全体に含まれる多くの作業の所要日数を見積もり，各作業の順序関係を，後述する作業表や**アロー ダイヤグラム**（矢線図）を用いて表し，これらをもとに作業の開始日程や終了日程を計算するもので，これらの日程によって，作業の組合わせや手順の合理的管理ができるように，その評価と検討を行いながら速やかに計画を進めていくことができる．

ここでは，主に PERT の基本的手法として用いられるアロー ダイヤグラムの規約やつくり方，PERT 計算に必要な日程に関する基礎的事項について述べよう．

2. アロー ダイヤグラムとは

PERT を図示する際に用いられるアロー ダイヤグラム（arrow diagram）は，**作業**（**アクティビティ**：activity）を**矢線**（**アロー**：arrow）で示し，作業と作業を丸印（○）で結んで，作業の先行，後続などの順序関係を示したものである．この丸印を**結合点**（ノード：node）または**イベント**（event）という．

アロー ダイヤグラムの図示法には表 **4·1** に示すような規約がある．ただし，ここでは作業名を A，B，…のようにアルファベットを使用して簡略化した．また，**ダミー**（dummy activity：疑似作業）は，仮に設けたみせかけの作業を示すもので，破線の矢印で表され，作業活動や作業時間をもたず，作業の順序や条件などを示すときに用いられる．

表 4·1　アロー ダイヤグラムの図示法

区分	図示法	規約の説明
先行作業と後続作業	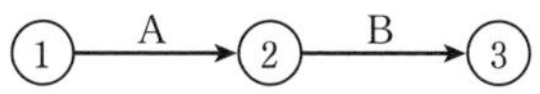	後方の作業 B に対して前方の作業 A を**先行作業**といい，反対に前方の作業 A に対して後方の作業 B を**後続作業**という．
結合点の順位	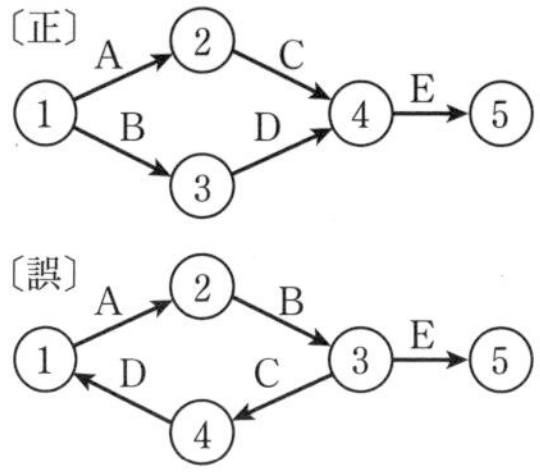 〔正〕 〔誤〕	結合点（丸印）内の順位は左から右の順に記入し，下に示す誤り図のように，逆戻りするような番号や順路としない．
結合点の合流	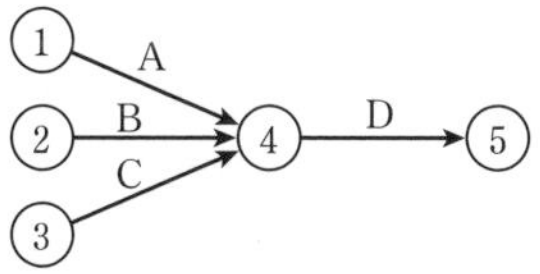	先行作業が A，B，C のようにいくつかあるとき，これらが全部終了しなければ，後続作業 D を開始することはできない．結合点 ④ は**合流点**を示す．
結合点の分岐	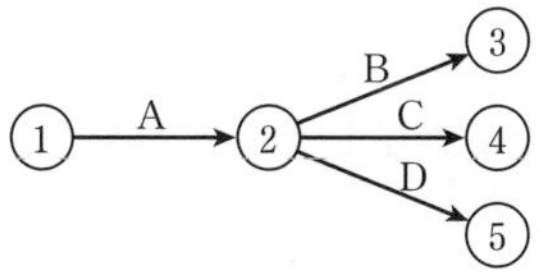	先行作業 A が終了すれば，後続作業の B，C，D は開始できる．結合点 ② は**分岐点**を示す．
ダミー（d）（I）	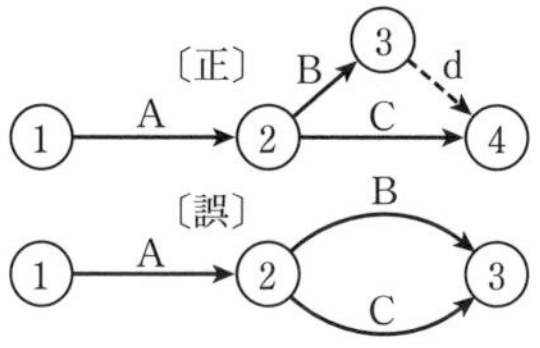 〔正〕 〔誤〕	一つの結合点に合流する矢線は何本でもよいが，二つの結合点を結ぶ矢線は 1 本に限る． したがって，この場合は上図のようにダミー（d）を用いる．
ダミー（d）（II）	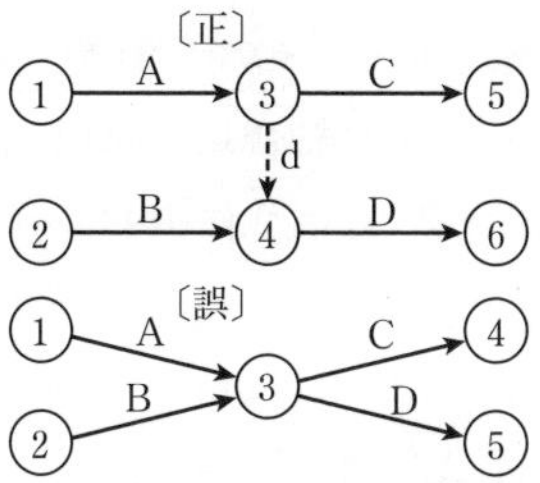 〔正〕 〔誤〕	作業 C の先行作業は A だけであるが，作業 D の先行作業は A と B であるとき，上図のように結合点 ③ と ④ との間にダミー（d）を用いる．下図ではこの区別が明示できない．

3. アロー ダイヤグラムのつくり方

(1) 作業表をつくる

作業表は，多くの作業から成り立っている一つの仕事を，独立した個々の作業に分割し，各作業の前後関係や日数（または時間）などを明らかにし，一覧表としたものである．表**4･2**は，ある機械装置の分解修理における作業条件の例を作業表として示したもので，六つの作業A～Fから構成されている．

表4･2 作業表

作業名	作業（記号）	作業（結合点番号）	先行作業	後続作業	所要日数
総点検	A	(1, 2)	—	B, C	3
分解	B	(2, 3)	A	D, E	5
部品購入	C	(2, 4)	A	E	6
掃除・調整	D	(3, 5)	B	F	3
部品交換	E	(4, 5)	B, C	F	5
組立・試験	F	(5, 6)	D, E	—	4

この場合の作業は，次のような関係を表している．

① 作業Aは，この仕事における最初の作業であることを示している．
② 作業BとCは，作業Aが終了すると同時に開始できる．
③ 作業Dは，作業Bが終了すると開始できる．
④ 作業Eは，作業Bと作業Cの両方が終了しないと開始できない．
⑤ 作業Fは，作業Dと作業Eの両方が終了しないと開始できない．

(2) アロー ダイヤグラムの組立て

前項(1)にも示した作業表による作業の前後関係から，次の手順によりアローダイヤグラムを組み立てることができる（図**4･21**）．

手順1 作業Aの矢線の出発点に結合点①をつけ，矢印の方に結合点②をつける．

手順2 作業Aは結合点②によって終了しているので，結合点②より分岐して作業Bと作業Cの矢線をひき，その矢印の方に結合点③および④をつける．

手順3 作業Bが終了しているので，結合点③より作業Dの矢線をひき，矢印の方に結合点⑤をつける．

手順4 作業Eは作業Bと作業Cの両方に関係するから，図示のようにダミー(d)を用いて結合点③と④をつなぎ，④から作業Eの矢線をひき，矢印側に

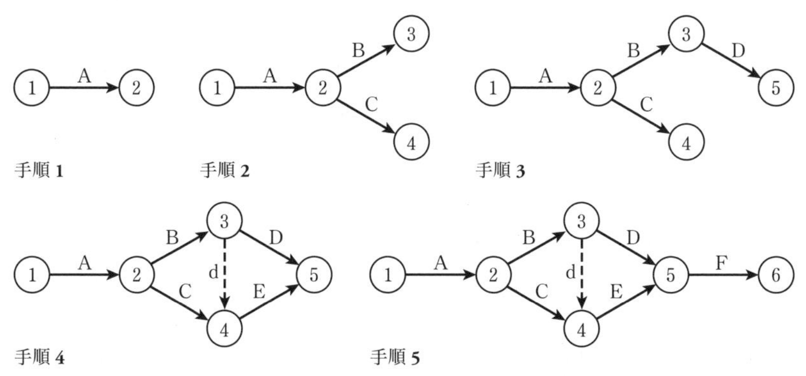

図 4·21　アロー ダイヤグラムの組立て手順

結合点 ⑤ をつける．

手順 5　作業 D と E の合流する結合点 ⑤ から作業 F をひき，矢印側に結合点 ⑥ をつけて全作業を終了し，アロー ダイヤグラムを完成する．

4.　PERT 計算

作業の進行は各結合点を節目として行われるので，まず，結合点に出入りする日程または時刻を明らかにしなければならない．これらは次のように表される．

（1）　最早結合点日程

各結合点（丸印）から出て最も早く作業を開始できる日程を**最早結合点日程**という（時間単位で扱うときは**最早結合点時刻**という）．これを求めるには，次に示す二つの条件を満たす値を算出すればよい．

①　始点から，求めたい結合点までの経路に含まれる各作業の所要日数の合計値．

②　結合点に入る経路がいくつかあるときは，それぞれを合計した所要日数のうちの最大値．

すなわち，上記の項目 ① を式で表すため，図 **4·22** に示すように，求めたい結合点の番号を i（$i=1, 2, \cdots$），その手前にある結合点の番号を h（$h=1, 2\cdots : h<i$）とし，最早結合点日程をそれぞれ t_i^E，t_h^E（E：earliest），作業（h，i）の所要日数を D_{hi}（D：duration）とすれば，t_i^E は次式で表される．

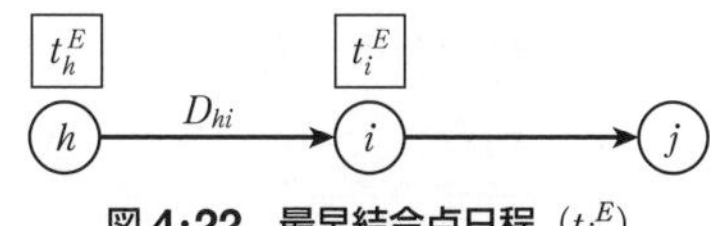

図 4·22　最早結合点日程（t_i^E）

$$t_i{}^E = t_h{}^E + D_{hi} \tag{4·1}$$

この計算例として，表**4·2**の作業表の数値例から，PERT計算の算出法を示したのが図**4·23**である．この場合，最初の結合点①は出発点に相当するので，$t_1{}^E = 0$とすれば，(**4·1**)式から$t_2{}^E = t_1{}^E + D_{12} = 0 + 3 = 3$，結合点③では$t_3{}^E = t_2{}^E + D_{23} = 3 + 5 = 8$となる．

しかし結合点④では，ここに入る作業はBとCの二つがあるから，この二つの経路①→②→③ ┄ダミー┄→ ④と，①→②→④の各所要日数を計算すると，$t_4{}^E = t_3{}^E + \mathrm{d} = 8 + 0 = 8$，$t_4{}^E = t_2{}^E + D_{24} = 3 + 6 = 9$となる．この場合，上記の項目②にも示したように，大きい方の値をとって9日とし，この日数が結合点④の最早結合点日程となる．

このようにして順次に加えた日数を，図**4·23**に示すように，各結合点上方の四角枠上部に記入する．

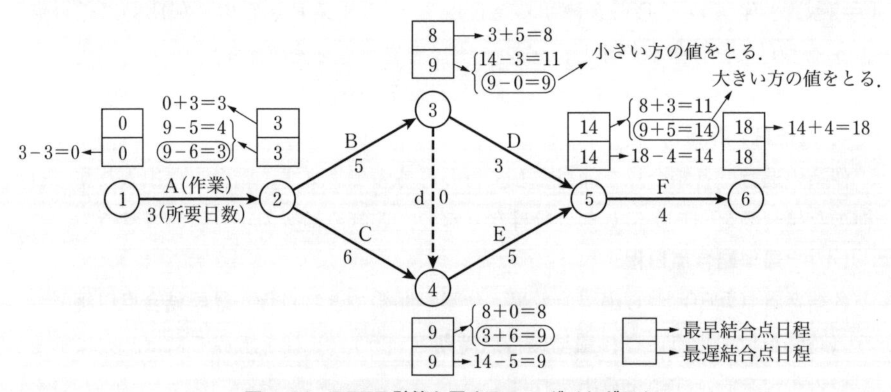

図4·23 PERT計算を示すアロー ダイヤグラム

(2) 最遅結合点日程

作業が予定された日程までに終わるものとして，各結合点に入ってくる作業が，遅くともこの日までに完了できる限界の日程を**最遅結合点日程**という．これを求めるには，終点から始めて順次に始点へさかのぼって算出される．

すなわち，次に示す二つの条件を満たす値を求めればよい．

① 終点の結合点の値から，求めたい結合点までの各作業の所要日数を，次々に差し引いた値．

② 結合点を出る経路がいくつかあるときは，それぞれの経路で各作業の所要

日数を差し引いた値の最小値.

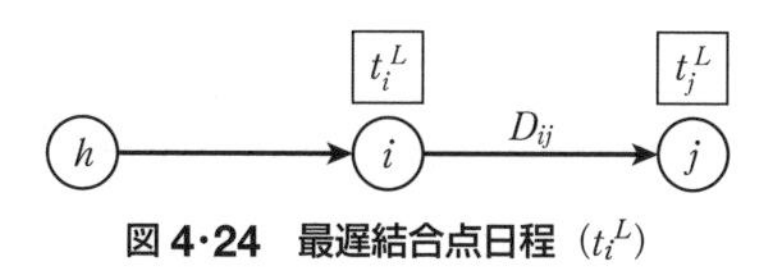

図 4·24　最遅結合点日程（t_i^L）

したがって，図 **4·24** に示すように，求めたい結合点 i の次にある結合点の番号を j（$j=1, 2, \cdots : i<j$）とし，最遅結合点日程をそれぞれ t_i^L, t_j^L（L：latest），作業（i, j）の所要日数を D_{ij} とすれば，t_i^L は次式で表される.

$$t_i^L = t_j^L - D_{ij} \qquad (4 \cdot 2)$$

図 **4·23** の計算例において，最終の結合点 ⑥ では，全作業が終わっているので，その時点で遅くとも完了する日と，最も早く開始できる日とは一致しなければならないから，$t_6^L = t_6^E = 18$ とおくと，(**4·2**) 式から，結合 ⑤ では $t_5^L = t_6^L - D_{56} = 18 - 4 = 14$，結合点 ④ では $t_4^L = t_5^L - D_{45} = 14 - 5 = 9$ となる.

しかし結合点 ③ では，ここから出る作業は D と E の二つがある．この二つの経路を計算すると，$t_3^L = t_5^L - D_{35} = 14 - 3 = 11$，$t_3^L = t_4^L - \mathrm{d} = 9 - 0 = 9$ となる.

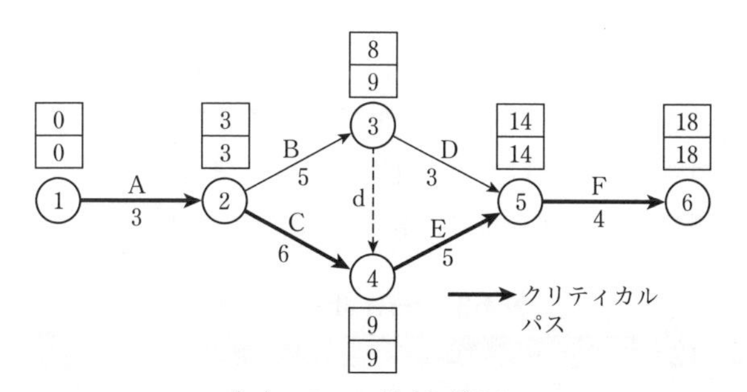

（**a**）アロー ダイヤグラム

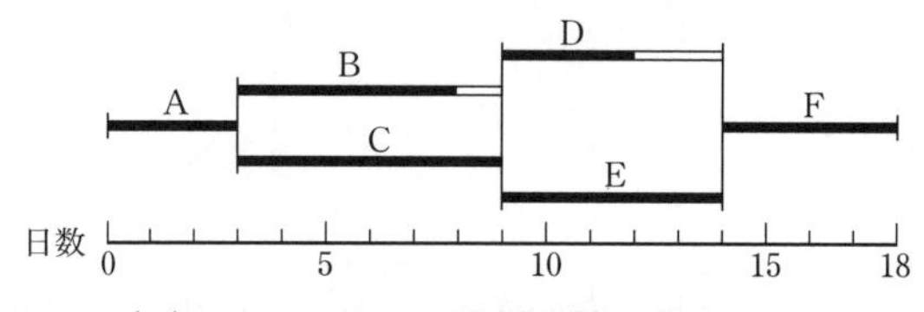

（**b**）ガント チャート I（最早開始～最早終了）

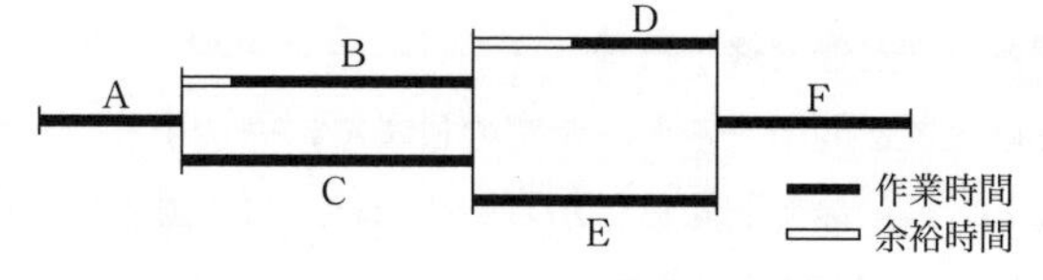

（**c**）ガント チャート II（最遅開始～最遅終了）

図 4·25　アロー ダイヤグラムとガント チャート

したがって，上記の項目 ② にも示したように，11 日と 9 日のうち小さい値をとって 9 日とし，この日数が結合点 ③ の最遅結合点日程となる．

このようにして順次に差し引いた日数を，図 **4・23** に示したように，各結合点上方の四角枠下部に記入する．

以上を整理した図が図 **4・25**(**a**)であるが，このアロー ダイヤグラムをガント チャートで示すと，同図の(**b**)，(**c**)となる．

すなわち，このガント チャートによると，(**b**)図の最早開始〜最早終了が，**4・2** 節 **3** 項の負荷計画で示した順行負荷法に属しているとすれば，(**c**)図の最遅開始〜最遅終了は，逆行負荷法に属する組立てになっていることがわかる．

(3) 最早開始日程と最早終了日程

各作業の開始を最も早く着手することができる日程を最早開始日程といい，最早開始日程から始めた終了日を最早終了日程という．

この作業 (i, j) の最早開始と最早終了の二つの日程は，次式によって求められる．

$$\text{最早開始日程(ES)} = \text{最早結合点日程} = t_i^E$$

$$\text{最早終了日程(EF)} = \text{最早結合点日程} + \text{作業の所要日数} = t_i^E + D_{ij}$$

たとえば図 **4・23** において，A 作業の最早開始日程を 0 とすれば，A 作業の最早終了日程は 0 + 3 = 3 日，B 作業では，開始が 3 日で終了が 3 + 5 = 8 日となり，以下，同様にして順次に求めていけば，表 **4・3** に示すとおりになる．

表 4・3 PERT 計算のまとめ

作業		所要日数 D	最早		最遅		総余裕日数 TF	クリティカルパス CP（＊印）
結合点記号	記号		開始日程 ES	終了日程 EF	開始日程 LS	終了日程 LF		
(1, 2)	A	3	0	3	0	3	0	＊
(2, 3)	B	5	3	8	4	9	1	
(2, 4)	C	6	3	9	3	9	0	＊
(3, 5)	D	3	8	11	11	14	3	
(4, 5)	E	5	9	14	9	14	0	＊
(5, 6)	F	4	14	18	14	18	0	＊

(4) 最遅開始日程と最遅終了日程

各作業をこれ以上遅く開始すると，予定の日までに完了することができない日程を**最遅開始日程**といい，最遅開始日程から始めた終了日を**最遅終了日程**という．この作業 $(i,\ j)$ の二つの日程は次式によって求められる．

$$\text{最遅開始日程(LS)} = \text{最遅結合点日程} - \text{作業の所要日数} = t_j^L - D_{ij}$$

$$最遅終了日程(LF)=最遅結合点日程=t_j^L$$

たとえば，図**4・23**において，A作業の最遅開始日程は3－3＝0，最遅終了日程は3日，B作業では開始が9－5＝4日で終了が9日となり，以下，同様にして順次に求めていけば，表**4・3**に示すとおりになる．

（5） 余裕日数

図**4・25**(**a**)のアロー ダイヤグラムにおいて，結合点④に至る経路は，①→②→③…→④と①→②→④の二つがある．これらの経路に要する日数は，A＋B＝3＋5＝8日とA＋C＝3＋6＝9日であり，その差は9－8＝1日である．結合点④では，B作業とC作業とは同時に作業を開始しなければならないので，B作業は1日のゆとりを持つことになる〔(**b**)，(**c**)図〕．この1日を**余裕日数**という．

余裕日数のうち次式で示されるものを**総余裕日数**といい，その作業全体のもつ余裕を示している．

$$
\begin{aligned}
総余裕日数(TF) &= 最遅終了日程(LF)-最早終了日程(EF)\\
&= t_j^L - t_i^E - D_{ij}
\end{aligned}
$$

たとえば，作業Bの場合の計算では，総余裕日数＝9－8＝1日として求める．このほか余裕日数には，総余裕日数内にあって，他の作業にかかわりをもたない**自由余裕**（EF）と，他の作業にかかわりをもつ**干渉余裕**（IF）などがある．

（6） クリティカル パス

アロー ダイヤグラムの中で，総余裕日数がすべてゼロになる作業経路を**クリティカル パス**（critical path）という．表**4・3**では＊印のある作業経路をさし，図**4・25**(**a**)では結合点を太線で結んで示した①→②→④→⑤→⑥の経路がクリティカル パスである．このクリティカル パスは，アロー ダイヤグラムにおいて始点と終点を結ぶ最も時間のかかる最長の経路で，工期はこの長さによって定まるので，その短縮をはかるには，クリティカル パス中にある作業の所要日数を短縮し，その進度を重点的に管理すればよいことになる．

4章 | 演習問題

4・1 ある車軸部品を旋削加工する場合，標準工数2時間で1か月500個を生産するものとすると，何台の旋盤を必要とするか．ただし，1日の実働時間を8時間，1か月当たりの稼働日数を25日，不適合品率を5%，機械故障率を10%とする．

4･2 下図に示すようなアロー ダイヤグラムにおいて，結合点⑥からの作業Gは，作業□，□，□，□が全部終了しなければ開始することができない．□の中に適当な作業記号を入れよ．

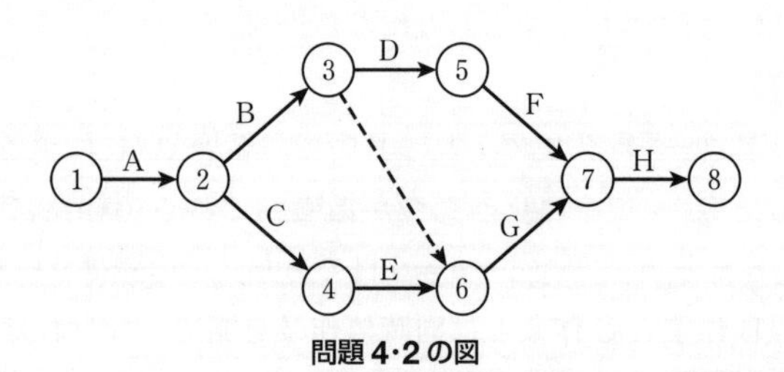

問題4･2の図

4･3 下図に示すようなアロー ダイヤグラムにおいて，最早結合点日程（t_i^E）の値を求めて□の中に記入し，クリティカル パス（CP）を太い線で表せ．

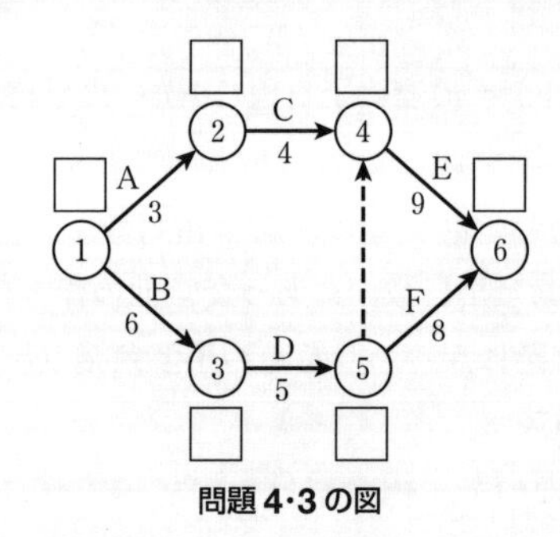

問題4･3の図

5
作業研究

5·1 作業研究とは

作業を科学的に分析し，不要な動作を取り除き，作業時間を短縮して作業者の疲労を少なくし，できるだけ品質が均一でよい製品を生産することのできる最も適切な作業方法である標準作業を求めるための分析手法である．さらには，工具や設備，作業方法，作業条件などを標準化し，標準作業の方法による訓練を行い，その状態から標準時間を定める．これらの組織的な研究を**作業研究**という．**JIS Z 8141** では，作業研究（米：motion and time study，methods engineering，英：work study）を「作業を分析して実現しうる最善の作業方法である標準作業の決定と，標準作業を行うときの所要時間から標準時間とを求めるための一連の手法体系」と定義し，作業研究は**方法工学**とも呼ばれる．作業研究の対象となる**作業**は，**主体作業**と**準備段取作業**から構成され，さらに主体作業は**主作業**と**付随作業**に分けられる．

この手法は，現場作業の合理化に役立つばかりでなく，生産管理の全般に適用できるほか，人の行動を伴う社会のあらゆる分野にも広く適用することができる．

作業研究は方法研究と時間研究とに大別され，方法研究はさらに工程分析と動作研究とに分けられる．

5·2 工程分析

1. 工程分析とは

工程分析は，生産の現状を各工程ごとに分析し，物の流れを中心にして，作業の組織を全体的に調査し分析するもので，次のようなことをその目的としている．

① 物の流れを分析し，物の流れを改善する．

② 工程の分割のしかたや配列順序の適否を確かめる．

③ 作業方法や設備を改善する．

④ 標準工程の資料を得る．

表5･1 工程図記号

（a） 基本図記号（JIS Z 8206：1982）

要素工程	記号の名称	記号	意味
加工	加工		原料，材料，部品または製品の形状，性質に変化を与えていることを示す．
運搬	運搬		原料，材料，部品または製品の位置に変化を与えていることを示す．加工記号の ½ ～⅓の大きさ．○の代わりに⇨を用いてもよい．
停滞	貯蔵		原料，材料，部品または製品を計画により貯えていることを示す．
	滞留		原料，材料，部品または製品が計画に反して滞っている状態を示す．
検査	数量検査		原料，材料，部品または製品の量または個数を測って，その結果を基準と比較して，その差を求めていることを示す．
	品質検査		原料，材料，部品または製品の品質特性を試験し，その結果を基準と比較して，ロットの合格・不合格または個品の良・不良を判定していることを示す．

（b） 細別記号の例

記号	意味
	加工中に品質検査を行う．
	加工中を主とし，運搬も行う
Ⓟ	パイプによる運搬．
㋫	フォークリフトによる運搬．
	原料や材料の貯蔵．
	完成部品や製品の貯蔵．
	工程間の一時保存．
	加工中の一時待ち．
	数量検査を主とし，品質検査も行う．
	数量検査中の手直し．
	品質検査を主とし，数量検査も行う．
	品質検査中の手直し．

（c） 補助記号（JIS Z 8206）

記号の名称	記号	意味
流れ線		順序関係がわかりにくいときは，流れ線の端部または中間部に矢印を描いてその方向を明示する．流れ線の交差部は で表す．
区分		工程系列における管理上の区分を表す．
省略		工程系列の一部の省略を表す．

2. 工程分析の方法

原材料が工場に搬入されて製品になるまでの品物の流れを工程の要素別に分析して，その内容や相互の関係を調査し研究することを**工程分析**という．

工程は，その性質によって，加工，運搬，貯蔵，停滞および検査に分類され，さらに，停滞は貯蔵および滞留に，検査は数量検査および品質検査に分類される．

このように，製品を生産する工程が，上記のような要素別に分割された場合，これらの分割された個々の工程を要素工程という．

これらの要素工程を記号化したものを**工程図記号**といい，表**5·1**に示すように，JISでは基本図記号と補助記号を定めている．この記号を用いて工程図を描けば，工程分析の結果がはっきりとわかる．工程をさらに詳細に分析するときは，基本図記号の右欄に示す細別記号を併用する．この場合，基本図記号を組み合わせてつくった記号を複合記号と呼び，その図示法は，主となる要素工程を外側に，従となる要素工程を内側に示す．

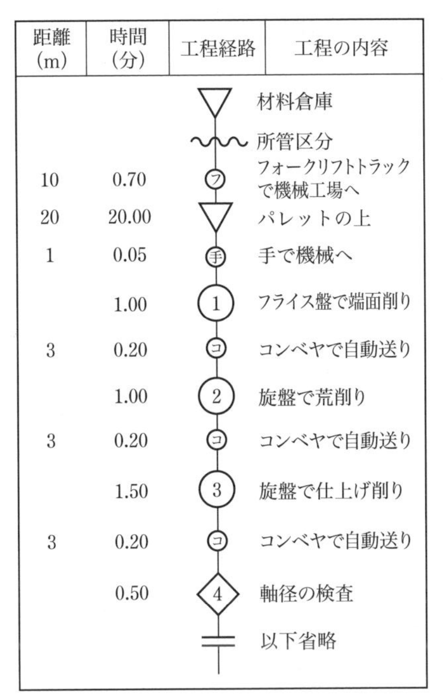

〔注〕 加工・検査記号内の数字は要素工程の順序番号を示す．

図 5·1 工程図記号を用いた工程分析の例

また工程図では，工程系列の始まる状態と終わりの状態とをそれぞれ貯蔵の記号を用いて示し，系列は原則として縦に図示する．

図**5·1**は，これら工程図記号を用いて図示した工程分析の一例を示したものである．

工程分析の方法にはいろいろな種類があるが，一般に使われている次の二つについて述べよう．

（1） 工程経路図

製品や部品の流れを，加工，運搬，検査，停滞の4要素に分割し，これらの要素が各工程順に現われる状態を，図**5·2**に示す**工程経路図**に表して，具体的に分析して検討を行う分析法である．

工程経路図は分析の目的によって，次の二つに分けられる．

① 材料を主体とする場合

② 人を主体とする場合

① は大量生産における組立てや部品加工などの場合で，② は巡回保全作業や運搬作業の場合である．

（2） 流れ線図

工場内または工場間において，材料や部品などがどのような経路で流れるかについて，機械の配置や工程の順序を図 **5·3** 図に示すような**流れ線図**を用いて検討を行う．平面的な流れとともに上下

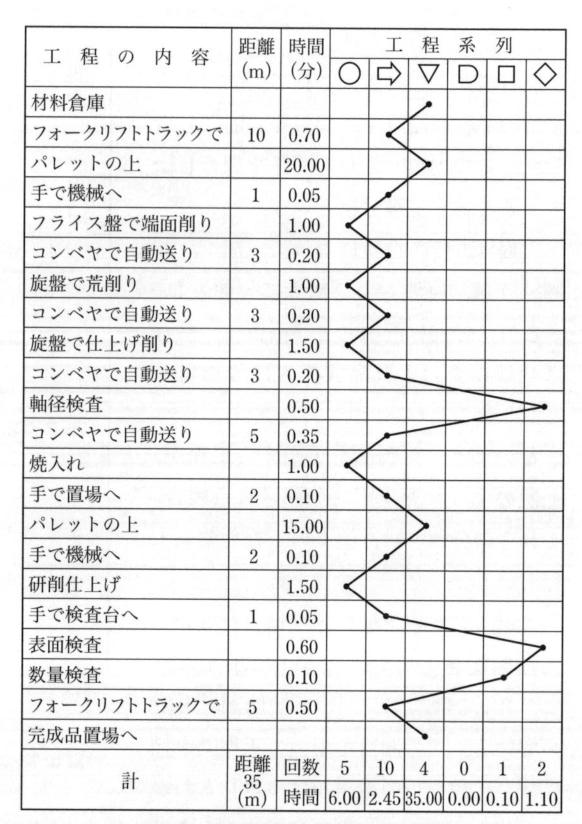

工程の内容	距離 (m)	時間 (分)	工程系列					
			○	⇨	▽	D	□	◇
材料倉庫					●			
フォークリフトトラックで	10	0.70		●				
パレットの上		20.00			●			
手で機械へ	1	0.05		●				
フライス盤で端面削り		1.00	●					
コンベヤで自動送り	3	0.20		●				
旋盤で荒削り		1.00	●					
コンベヤで自動送り	3	0.20		●				
旋盤で仕上げ削り		1.50	●					
コンベヤで自動送り	3	0.20		●				
軸径検査		0.50						●
コンベヤで自動送り	5	0.35		●				
焼入れ		1.00	●					
手で置場へ	2	0.10		●				
パレットの上		15.00			●			
手で機械へ	2	0.10		●				
研削仕上げ		1.50	●					
手で検査台へ	1	0.05		●				
表面検査		0.60						●
数量検査		0.10					●	
フォークリフトトラックで	5	0.50		●				
完成品置場へ					●			
計	距離 35 (m)	回数	5	10	4	0	1	2
		時間	6.00	2.45	35.00	0.00	0.10	1.10

図 5·2　工程経路図（車軸部品工程例）

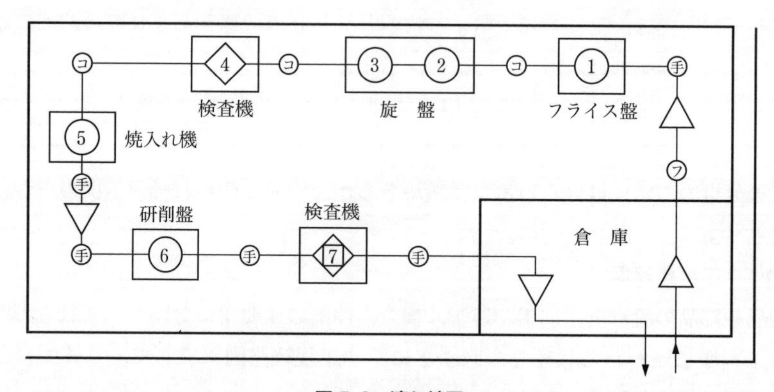

図 5·3　流れ線図

の移動を伴う立体的な動きを示す線図も必要とし，これらを何種類か作成して比較検討のうえ，最も合理的なものを採用する．

配置方法を具体的に決める場合には，縮尺した工場建屋の平面図に機械設備を直接記入する代わりに型板を用いて配置し，品物の最適な流れを検討する．さらに，縮尺した模型を使用して，実体に最も近い状態で立体的に検討することもある．

これらの分析した結果については，とくに次の事項に留意して検討しなければならない

① 材料の流れに交差や逆流，混雑などがあるために，各工程に廃止，合併，順序変更の必要はないか．

② 各工程間の連絡は距離的，時間的にムダはないか．

③ 加工，運搬，保管，検査の方法は適切であるか．

3. 流れ作業

(1) 流れ作業とは

加工工程を細かく分割し，機械，設備，人員を製造作業の順に配列して，生産を一定の流れで進ませる作業方式を**流れ作業**または**ライン生産方式**という．

JIS Z 8141 では，ライン生産方式（line production）を「生産ライン上の作業ステーションに作業を割り付けておき，品物がラインを移動するにつれて加工が進んでいく方式」と定義している．ここに**作業ステーション**（work station）とは，生産ラインを構成する作業場所であり，作業要素を割り付ける対象である．**作業要素**（work element，minimum rational work element）は，それ以上分割すると不合理が生じる作業の最小単位であり，**最小合理的作業要素**の略称である．各作業要素について見積もられた時間を**要素時間**という．作業要素の実施順序に課された技術的制約は，**先行関係**と呼ばれる．

流れ作業の生産方式を編成するうえで注意する点は，次のとおりである．

① 作業を分析して各作業ステーションの組合わせや順序を調整し，作業時間をほぼ一定にする．

② 流れはできるだけ単純で直線形にし，流れはできるだけ交差しないようにする．

③ 指導，調整および交替要員を適切に配置する．

(2) 流れ作業の種類

加工品の流し方によって，次のような種類がある．

（a） **手送り式** 加工や組立ての終わった品物を人の手によって次の作業ステーションへ送る方式である．主として，生産量の少ない小物の作業などに用いられる．

（b） **タクト方式**（tact system） すべての作業ステーションを同一の作業時間になるような作業ステーションに分け，一定時間ごとに品物または作業員がいっせいに次の作業ステーションへ移動して作業が行われる方式である．したがって，移動時間中は作業が中断される．品物の移動にはコンベヤやその他の搬送設備が用いられる．主として重量物や容積の大きい品物の場合で，少量ないし中量生産に用いられる．

（c） **コンベヤ方式**（conveyor system） すべての作業ステーションをコンベヤの使用により品物を連続的に運搬し，その途中で作業者の各自がそれぞれ受け持つ作業を行っていく方式で，大量生産に最適である．コンベヤには，一般に多く用いられているベルトコンベヤのほか，スラット コンベヤ，パレット コンベヤ，トロリ コンベヤなどがある（**6·4**節参照）．

（3） 流れ作業の長所，短所

流れ作業は一般に多量生産を行う場合に用いられるが，次のような長所，短所がある．

〔**長所**〕

① 作業が標準化されるので，品質のばらつきを少なくし，生産量はほぼ作業時間に比例する．

② 品物の流れにより運搬の距離や時間が短くなり，**仕掛品**（しかかりひん）を少なくし，製造期間を短くする．仕掛品とは，原材料が払い出されてから，完成品として入庫または出荷されるまでのすべての段階にある製造途中の未完成品を指している．

③ 単純な作業に分割できるから，それに要する技能の習得と熟達が早い．

④ 使用する設備や機械は専用化または単純化できるため能率的である．

⑤ 他の生産方式に比べて工程管理が容易である．

〔**短所**〕

① 標準化されていない製品には適用できない．

② 作業員，設備，機器などの一部に欠陥が生じると，全作業の能率をさまたげる．

③ 製品の需要が少なくなると，生産能力の利用度が落ちて，製造原価が高く

なる．

④ 各作業は，単純で一定の作業進行にしたがう仕事なので，あきやすく疲れやすい．

⑤ 製品の種類や設計変更がある場合は，設備や機器を改めるのに多くの日数と費用がかかる．

（4） 流れ作業の編成

（a） ピッチ タイム（pitch time） 流れ作業において，製品または部品の1生産単位を加工するのに必要な時間を**ピッチ タイム**あるいは**タクト タイム**（tact time），**サイクル タイム**（cycle time）という．ピッチ タイムは，生産ラインに資材を投入する時間間隔であり，生産ラインが滞りなく流れていれば，製品が産出される時間間隔に等しくなる．この生産方式の場合，複数の作業ステーションで構成されるから，各作業ステーションの作業時間はそのすべてを等しく進ませる必要がある．しかし，実際にはまったく一致させることはできにくいので，各作業ステーション中の最大作業時間をピッチ タイムとし，次式から求める．

$$\text{ピッチ タイム} = \frac{\text{1日の実働時間}}{\text{1日の予定生産量}} = \frac{\text{流れの長さ}}{\text{流れの速度} \times \text{作業ステーション数}}$$

ここに，実働時間とは，拘束時間から休憩時間を引いた残りの時間であり，予定生産量とは不適合品も含めた数量である．たとえば，1日の拘束時間を8時間，昼休み時間を1時間， 午前と午後の休憩時間を各10分，予定生産量を200個とすれば，ピッチ タイムは次のように計算される．

$$\text{ピッチ タイム} = \frac{(60\times 8)-[(60\times 1)+(10\times 2)]}{200} = \frac{480-80}{200} = 2\text{分}$$

各作業ステーションの作業時間を決めるには，上式で求めたピッチ タイムから，疲労や作業などに対する余裕時間を引いた値とし，ピッチ タイム×(1－ 余裕率)で求められる．余裕率は，通常，小物の場合，コンベヤ方式で10～20%，手送り式で20～25%とする．したがって，上記の例で余裕率を10%とすると

$$\text{各作業ステーションの作業時間} = 2\text{分} \times (1-0.1) = 1.8\text{分}$$

となり，各作業ステーションは，この作業時間を目標に作業量の編成を行わなければならない．

（b） ライン バランシング（line balancing） 流れ作業において，各作業ステーションをできるだけ均等に割り当て，各作業ステーションの作業時間のばらつきを少なくする編成計画を**ライン バランシング**という．

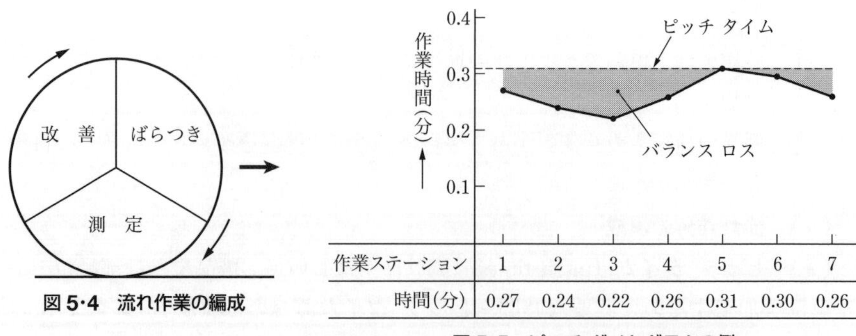

図 5·4　流れ作業の編成

図 5·5　ピッチ ダイヤグラムの例

ばらつきを改善するには，図**5·4**に示すように，ばらつき → 測定 → 改善を順々に繰り返しながら，しだいにばらつきのない流れ作業を編成する．

図**5·5**は，流れ作業において，各作業ステーションの作業時間とピッチ タイムとの関係を示すもので，この図を**ピッチ ダイヤグラム**（pitch diagram）という．図の斜線の部分を**バランス ロス**（balance loss）または**バランス損失**といい，流れ作業の全体でどの程度の遊び時間が生じているかを表している．これを％単位で表したバランス損失率は次式によって求められる．

$$\textbf{バランス損失率} = \frac{n \cdot t - T}{n \cdot t} \times 100 \ (\%)$$

ただし，T：各工程の余裕時間を含む作業時間の総計，t：ピッチ タイム，n：工程数または作業人員である．

図**5·5**に示す数値例で，ピッチタイムを作業時間の最大値として，ピッチ ダイヤグラムのバランス損失率を上式より計算すると，次のとおりとなる．

$$\text{バランス損失率}$$
$$= \frac{(7 \times 0.31) - (0.27 + 0.24 + 0.22 + 0.26 + 0.31 + 0.30 + 0.26)}{7 \times 0.31} \times 100$$
$$= 14.3\%$$

バランス損失率はできるだけ小さい値にしなければならない．このためには，作業方法の改善，編成人員の増減，ライン外での作業の充実などが考えられる．

なお，（100 − バランス損失率）％を**ライン バランス効率**または**ライン編成効率**などと呼び，ラインの生産効率を示す尺度として用いられる．

5·3　オートメーション

1.　オートメーションとは

流れ作業には人間の行う作業が伴っていたが，制御機器やコンピュータの発達により，人間のもつ肉体的な労働力や頭脳的な働きまで機械や装置に移して生産を行うようになった．

このように，人間が労働を行う代わりに，機械や装置を用いて自動的に操作，調整，処理，制御などを行わせる方式をオートメーション（automation）といい，生産性の向上と経済的な効果をいっそう高める役割を果たしている．現代では，コンピュータ技術の発展，各種センサの開発，情報技術の進歩によって，生産の自動化はますます進展している．コンピュータを活用した生産支援については，**12·5** 節を参照されたい．

2.　オートメーションの種類

オートメーションを適用する分野によって分類すると，生産関係ではメカニカル オートメーション，プロセス オートメーション，ファクトリー オートメーションがあり，事務関係ではオフィス オートメーションなどがある．

（1）　メカニカル オートメーション

加工，組立て，検査，運搬などの工程を機械化や自動化して生産する方式を**メカニカル オートメーション**（mechanical automation）といい，自動車工業をはじめ，大量生産を行う機械工業，電機工業，精密工業などに広く用いられている．

とくに自動化した工作機械とコンベヤとを組み合わせた一連の装置を**トランスファ マシン**（transfer machine）と呼んでいる．これは，多数の専用化した自動工作機械を加工順序に配列し，工作物をコンベヤにのせ，加工時間がほぼ一定になるように一定時間をおいて送り，自動的に各種の加工を行うもので，完全自動トランスファ マシンは，加工のほか工作物の着脱，仕上げ寸法の検出，工具位置の訂正まで自動化が行われている．

（2）　プロセス オートメーション

装置を主体にして生産する工業の生産工程における操作，処理，監視，計測，制御などを自動化して生産する方式を**プロセス オートメーション**（process automation）といい，石油精製，化学，製鉄，発電などの工業に装置を設置して，液体，気体，粉体などを物理的，化学的に処理する場合に用いられる．

工場全体の生産工程の全部をプログラム化すれば，コンピュータの指令によって工場の運営ができる．

（3） ファクトリー オートメーション

産業用ロボットやNC工作機械を活用して生産する工場の自動化を**ファクトリー オートメーション**（factory automation：**FA**）といい，この自動化が進むと無人工場となる．これは，自動倉庫（**6・5**節**2**項参照）から無人搬送車（**12・5**節**2**項参照）を用いて部品を作業台に送り，モニターで監視されながら，産業用ロボット（**12・5**節**2**項参照）により機械への取付け，取外し，次工程への送りなどのすべての作業をコンピュータの制御のもとに行う．

このFAのもつ自動化システムの一つの形態を**フレキシブル生産システム**（flexible manufacturing system：**FMS**）といい，その方式は，多品種の製品を少しずつつくることのできる融通性をもち，FA化を進める重要な役割を果すもので，同一品種を多量に生産するトランスファ マシンに対応するものである．

なお，産業用ロボットは，高い温度や湿度，危険な環境の中での作業，および単純な繰返し作業などの悪条件の環境にも適用でき，さらには，製品の品質や生産量を安定させ，生産性の向上，多品種製品の生産などの面でも多くの力を発揮することができるので，生産の自動化に多く採用されている．

また，**NC工作機械**とは，数値制御（numerical control）工作機械の略称で，作業の命令が数値の形で記号化したプログラムを記憶させ，自動制御装置を取り付けて，自動的に位置決めや切削などの作業を行わせるものである．最近では，NC工作機械にコンピュータを内蔵させた**CNC**（computer NC）や，中央の情報システムから複数の工作機械に対し，直接に生産の命令，監視，制御のできる**DNC**（driect NC）などが主力となってきており，工作のほか製図，検査などにも情報システムが活用されている．

NC工作機械に工作物や工具が自動的に交換のできる装置を取り付けた**マシニング センタ**（machining center：**MC**）と呼ばれる工作機械は，フライス削り，ドリリング，中ぐり，リーマ通しなど多様な加工を連続的で自動的に行うことができる．

（4） オフィス オートメーション

事務や管理業務などの文書や資料の保存，取出し，指令，伝達などを情報システムを利用して能率化をはかることをオフィス オートメーション（office automation：**OA**）という．コンピュータの進歩により，複雑な計算や分析などが非常に早い速度で処理されるので，事務処理の生産性は向上される．

5·4 動作研究

1. 動作研究とは

作業者の行う作業動作を細かく分析・調査して，ムリ，ムラ，ムダなどの不必要な動作を取り除き，疲労を少なくして時間を節約し，合理的に能率よくできる作業方法を検討して，標準作業方法を導き出す研究である．

アメリカのテイラー門下のギルブレス（Gilbreth）夫妻は，人間の動作を 18 種の基本単位に分析し，これをサーブリッグと名づけ，各種の動作をこれらの要素に

表5·2 サーブリッグの記号

分類	番号	名称	サーブリッグ記号		例
			記号	説明	（机上のペンをとり，字を書く）
第1類	1	空手の移動		空の皿の形	ペンに手をのばす．
	2	つかむ		物をつかむ形	ペンをつかむ．
	3	運ぶ		皿に物をのせた形	ペンを持ってくる．
	4	位置に正す		荷物が手の先端にある形	ペンを書きやすいように持ち直す．
	5	組み合わせる		組み合わせた形	ペンにキャップをかぶせる．
	6	分解する		組み合わせから 1 本除いた形	ペンのキャップをはずす．
	7	使う		use（使う）の U の形	字を書く（ペンを使う）
	8	手放す		皿を逆さにした形	ペンを置く．
	9	調べる		レンズの形	字の間違いを調べる．
第2類	10	探す		目で物を探す形	ペンがどこにあるかを探す．
	11	見出す		目で物を探し当てた形	ペンを見出す．
	12	選ぶ		選んだものを指示した形	使用に適したペンを選ぶ．
	13	考える		頭に手を当てて考えている形	どんな字を書くか考える．
	14	用意する		ボーリングのピンの形	使用後のペンをペン立てに立てる．
第3類	15	保持している		磁石に鉄片がついた形	ペンを持ったままでいる．
	16	避けられない遅れ		人がつまずいて倒れた形	停電のため字が書けない．
	17	避けられる遅れ		人が寝た形	よそ見をして字を書かない．
	18	休む		人が椅子に腰掛けた形	疲れたため休んでいる．

分解し，さらに自分の手によって開発した**動作経済の原則**（後述4項参照）にしたがって動作のムダを省き，工具や設備の改善とともに最良の作業方法を求めた．

その後，動作分析として各種の研究が行われたが，最近ではビデオ分析，PTS法などの分析法も用いられている．

2. サーブリッグ分析

サーブリッグ（therblig）とは，人間の行う動作を目的別に再分割し，あらゆる作業に共通であると考えられる18の基本動作要素に与えられた名称で，これを考案したGilbreth夫妻の名前の綴りを逆から読んだものにちなんで名づけられた．サーブリッグ分析は，作業者の動作を観察しながら分析する方法で，表**5･2**に示す**サーブリッグ記号**を用い，これを動作単位（動素）として分析し記録する．

この18のサーブリッグは3種類に大別され，第1類は作業を行うときに必要な動素であり，第2類は作業の実行を妨げる動素であり，第3類は作業を行わない動素である．したがって，動作改善には第2類と第3類に重点を置き，まず，第3類の動素は，保持具の活用，作業範囲内での配置や動作順序の組替えなどによって取り除き，第2類の動素は物の置き方の改善などによってできるだけ少なくする．

図**5･6**に，サーブリッグによる実験的な作業動作分析の一例を示す．

作業名	ボルトとナットの組合わせ
図面 No.	
職場	実験室
作業者	
日付	
備考	

番号	左手 要素作業	左手 動素	サーブリッグ 左手	サーブリッグ 目	サーブリッグ 右手	右手 動素
1	ボルト，ナット1個ずつとる．	手をのばす．				手をのばす．
		ナットをつかむ．				ボルトをつかむ．
		手元にもってくる．				ボルトを持ち直す．
		手待ち				手元にもってくる．
2	組合わせ	つかんでいる．				組み合わす．
						手をはなす．
3	所定の場所におく．	机の上に運ぶ．				手をもどす．
		机の上におく．				手待ち
		手をもどす．				

図5･6　サーブリッグによる作業動作の分析例

サーブリッグは，短い周期で高度の繰り返し作業の改善に有効で，動素のほとんどは1秒間以下の瞬間的な動きなので，目視による分析のほか，ビデオ分析を用いるといっそう効果的である．

3. ビデオ分析

ビデオ レコーダ（video recorder）を使用して分析を行う手法である．ビデオ分析は，再現性はもちろん，長時間の自動観測が容易であり，送り速度が正確なので，再生画面からの時間測定の精度が高いなど，多くの利点をもっている．

ビデオ分析による作業研究には，次の手法がある．

（1） **ビデオ マイクロモーション**（video micromotion）

スロー再生やコマ送りができるビデオや動画再生ができるコンピュータを用い，作業を詳細に分析する動作研究の手法で，通常は毎秒29.97フレーム（コマ）に相当する速度で録画され，連続記録の時間は60～120分程度で，動作経路の長さや速い動作の時間値まで正確に測定できる．詳細に分析するためには，59.94 fpsの高いフレームレートで記録し，フレーム数をカウントすることにより微小時間の分析が可能である．

（2） **ビデオ メモモーシヨン**（video memomotion）

ビデオを長時間使用し，通常よりも遅い速度で録画し，再生時間を短く縮めて再現する動作研究の手法である．記録速度は標準速度の1/10，1/20，1/40，1/80程度の遅い速度が使用され，連続記録時間は標準速度の記録時間を60分とすれば10～18時間となる．

メモモーションの効果は，記録時よりも速い速度で再生するので，一連の作業全体の流れが短い時間に観測でき，動作の特徴が強調されて，異常な状態を容易に発見することができる．

（3） **ビデオ ディスカッション**（video discussion）

改善の対象になっている作業をビデオ録画し，その再生画面をグループで見ながらブレーン ストーミング（brain storming）により互いに意見を出し合って，作業の改善活動を進ませる方式をいう．これは現場の状態をそのままに再現する動画再生機能と，多くの参加者による討論の場との組合わせによって，総合的な判断や創造力の生ずる効果を狙ったものである．

ここに，**ブレーン ストーミング**とは，直訳すると，“脳に嵐を起こす”こと，思いつきや意見を自由に出し合って案をまとめる会議で，実施するときの規則は，①

発言を批判しない，② 発言は多いほどよい（量が質を生む），③ どんな発言でも取り上げる，④ 他人のアイデアに自分の考えを継ぎたして改善するなどである．

4. 動作経済の原則

動作研究によって引き出された動作の改善方法を集め，それらを整理して最適の作業の方法や環境を設定した原則である．創始者のギルブレスをはじめ幾人かの研究者の手によってまとめられたもので，作業改善の基本的な手引きとして利用することができる．

(1) 身体の使用に関する原則

① 両手は同時に動作をはじめ同時に終わる．

② 両手は同時に左右対称の方向に動かす．

③ 休み時間以外は両手を同時に遊ばせない．

④ 動作は最適の身体部分で行い，なるべく指や手首程度の小さい運動とする．

⑤ 落とす，投げる，転がす，弾みなどの重力，慣性，自然力を利用する．

⑥ 方向を急に変えるジグザグ運動を避け，連続した曲線状のなめらかな動作とする．

⑦ 動作は自然な姿勢でリズムのある作業を行う．

⑧ 足・左手でできることに右手を使わない．

⑨ 作業は正常作業範囲（図 5·7 参照）で行うようにする．

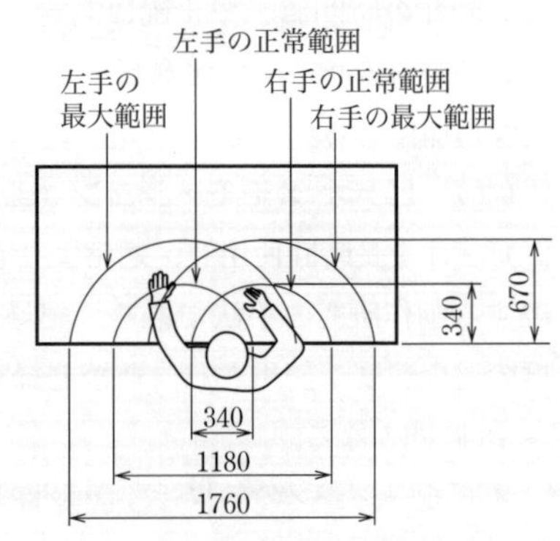

〔注〕 身長 1780， 手 185， 胴 790， 前腕 270， 上腕 320 とする（単位 mm）．

図 5·7 作業範囲図

(2) 作業場に関する原則

① 工具や材料は作業者が手のとどく範囲内の定位置に置く．

② 工具や材料は作業順に作業しやすい状態に置く．

③ 材料の供給や搬出にはできるだけ重力を利用し，たとえば，シュート（重力送出し装置）などを用いる．

④ 作業の範囲は作業に支障のない限り狭くする．

⑤ 作業台，椅子などは作業者の体格に合わせ，疲れの最も少ない高さ・形状

にする．

⑥ 適正な照明，温度，湿度，通風を与える．

⑦ 両手動作が同時にできる位置にする．

（3） 治工具・機械の設計に関する原則

① 二つ以上の工具は一つに組み合わせる．たとえば，両口スパナなど．

② 機械や設備の操作は足を有効に使い，手の負担を軽くする．

③ 機械の操作位置は身体の位置や姿勢を変えずに操作ができる．

④ ハンドルや柄などの握り部は，できるだけ手の平に広く当たり，握りやすい形にする．

⑤ 長時間の保持には保持具を利用する．

⑥ 材料や部品の取りやすい容器や器具を利用する．

⑦ 機械の移動方向と操作方向を同じにする．

5·5 時間研究

1. 時間研究とは

時間研究とは，作業を要素作業または単位作業に分割し，その分割した作業を遂行するのに要する時間を測定する手法である．動作研究で求めた標準作業方法で作業が行われる場合，作業を適当な単位（要素作業）に分割し，その要素作業を行うに必要な時間を測定する分析方法である．

この方法によって求められた時間値は，次に述べる標準時間の設定に重要な資料として用いられる．

2. 標準時間の設定

（1） 標準時間とは

標準時間とは，その仕事に適性をもち，熟練した作業者が，所定の作業条件のもとで，必要な余裕をもち，正常な作業ペースによって仕事を遂行するために必要な作業時間をいう．

（2） 標準時間の利用目的

標準時間は，次のような各種の利用目的がある．

① 作業者の課業（1 日の公正な作業量）の決定．

② 工程管理における基準日程の設定．

③ 作業者や機械設備などの必要数の算定と配置計画．

④ 作業方法の比較，改善や生産能率の測定．

⑤ 賃率の決定や原価見積りなどの基礎資料．

（3） 標準時間の構成

標準時間の構成は表**5·3**に示すとおりである．

表5·3 標準時間の構成

<table>
<tr><td rowspan="9">標準時間</td><td rowspan="7">主体作業時間</td><td rowspan="2">作業正味時間</td><td>主作業時間</td><td>機械自動送り作業，機械操作作業，手作業（組立作業）</td></tr>
<tr><td>付随作業時間</td><td>機械への材料取付け，取外し作業など．</td></tr>
<tr><td rowspan="5">余裕時間</td><td>作業余裕</td><td>工具の取替え，注油，掃除，機械調整（3～5%）</td></tr>
<tr><td>職場余裕</td><td>材料・工具待ち，クレーン待ち，連絡，整頓（3～5%）</td></tr>
<tr><td>用達余裕</td><td>汗ぬぐい，水飲み，用便（2～5%）</td></tr>
<tr><td>疲労余裕</td><td>休憩（重作業30%・中作業20%，軽作業10%）</td></tr>
<tr><td>総合余裕時間</td><td>機械自動送り作業（10%），機械操作作業（20%），手作業（25%）</td></tr>
<tr><td rowspan="2">準備段取作業時間</td><td colspan="2">準備正味時間</td><td>作業，部品・材料，治工具などの準備，片付け</td></tr>
<tr><td colspan="2">余裕時間</td><td>主として疲れ余裕．</td></tr>
</table>

〔注〕（ ）内は余裕率の例を示す．

すなわち， 標準時間＝主体作業時間＋準備段取作業時間 である．

余裕時間は，表**5·3**中にも示すように，作業余裕，職場余裕，用達余裕，疲労余裕などに分けられるが，これらは一般に，正味時間に対する比率，すなわち，**余裕率**（余裕時間÷正味時間）で与えられる．したがって，上式の作業標準時間は次式で表される．

作業標準時間＝作業正味時間＋余裕時間

＝作業正味時間×（1＋余裕率） （**5·1**）

この場合の余裕率は，各種の余裕率を加えて総合余裕率としたものである．

3. 正味時間の決め方

時間分析を行って作業の**正味時間**を決めるには，次の二つの方法がある．

① 作業者の作業を直接に測定する方法．

ⓐ 直接観測法，ⓑ ワーク サンプリングなど．

② あらかじめ実験や経験で得た資料を組み合わせて算定する方法．

ⓐ PTS法，ⓑ 標準資料法，ⓒ 実績資料法など．

（1）直接観測法（直接時間分析法）

ストップ ウォッチ，ビデオ カメラなどの機器を用いて，作業を直接観測し時間の測定を行う方式で，その手順を示すと次のとおりである．

① 観測の利用目的を定める … たとえば，標準時間の設定，作業方法の改善，標準作業量の設定など，時間分析の利用目的を設定する．

② 研究の対象となる作業と作業者を選ぶ … 作業者は，作業改善を目的とするときは積極的な熟練者を選び，標準時間，標準作業量などの標準設定を目的とするときは，平均または平均以上の熟練度をもつ者を選ぶ．

③ 研究計画を関係者に説明し，理解と協力を得る … 時間研究は研究者と現場とが一体となって時間観測を行うことが必要で，研究計画を監督者とともに作成し，作業者にも研究の目的や内容をよく説明し，理解と協力を得ておくことが必要である．

④ 作業を標準化する … 動作研究により作業を標準化する．とくに作業方法を改善する場合は，改善案が安定するように標準化し，それに必要な作業者の訓練を行う．

⑤ 作業を要素作業に分ける … 作業を表**5・3**に示す主作業時間や付随作業時間の区分にしたがって細分し，要素作業に分ける．その時間は，観測の精度が悪くならない程度とするが，その単位には1 DM（decimal minute）＝1/100分＝0.6秒を用い，少なくとも4 DM以上とする．

⑥ 観測回数を決める … 観測回数は，本観測を開始する前に予備観測を行って推定するが，サイクル タイムの長短によって影響を受けるので，通常は表**5・4**などを目安とする．

表5・4　観測回数

（a）標準時間を設定する場合

①	サイクル タイム（分）	0.10	0.25	0.50	0.75	1.00	2.00	4.00〜5.00	5.00〜10.00	10.00〜20.00	20.00〜40.00	40.00以上
②	観測回数	200	100	60	40	30	20	15	10	8	5	3
③	観測時間（①×②）分	20	25	30	30	30	40	65〜75	50〜100	80〜160	160〜200	120以上

（b）作業を改善する場合

通常のサイクル タイムの作業	15〜20回
ごく短いサイクル タイムの作業	30〜40回

〔注〕**サイクル タイム**とは，連続的に繰り返し生産する作業方式において，1個または1単位の製品や半製品が作り出される所要時間をいう．

時間観測用紙						観測日 年 月 日
整理番号		作業名	軸切削	機械名	LNB - 7	観測者
作業者		熟練度（経験年数）		作業始 / 作業終	天候 / 温度	湿度

	要素作業＼回数		1	2	3	4	5	6	7	8	9	10	合計／回数	平均	レイティング係数	正味時間
1	材料を取る.	個	4	5	4	4	5						22	4.4	105	4.6
		通	4	11	8	9	403						5			
2	ケレを取りつける.	個	10	8	7	7	6						38	7.6	110	8.4
		通	14	19	15	16	9						5			
3	材料をセンター間に取りつける.	個	13	11	⑳	12	9						45	11.3	100	11.3
		通	27	30	35	28	18						4			
4	端面切削	個	10		8	9	7						34	8.5	100	8.5
		通	37	M	43	37	25						4			
5	外周切削	個	42		40	38	41						161	40.3	100	40.3
		通	79	78	83	75	66						4			
6	刃物台もどし	個	11	12	9	11	10						53	10.6	105	11.1
		通	90	90	92	86	76						5			
7	心押しをもどし製品をはずす.	個	9	7	7	7	6						36	7.2	95	6.8
		通	99	97	99	93	82						5			
8	ケレを取りはずす.	個	7	7	6	5	5						30	6.0	100	6.0
		通	106	204	305	98	487						5			

〔注〕 M：見落し記号，○内の数字：異常値，―：要素作業を省略した場合，×：要素作業以外の動作をした場合.

図 5･8 時間観測用紙の一例

⑦ 観測を実施し記録する… 観測の記録は図 **5･8** に示すような時間観測用紙を用いる．観測時はストップ ウォッチを動かし続けたまま，目視によって表示を読みとりながら記録し，最終回の終わるまで時間測定を行う．時間値は，通し時間を示す“通”欄に，要素作業の終点を次々に記入し，個々の要素作業の時間値は，観測終了後に“通”前後の時刻差を“個”の欄に記入する．時間値は DM 単位で 2 けた記入とし，3 けた目の単位は 3 けた目の値が変わるときに記入すればよい．なお，観測者が時計を動かし続けたまま記録していくのは，観測者が時計を操作することによる余分な時間や誤操作による外乱を防止するためである．

⑧ 必要があればレイティングを行い，正常な速度に換算する… **レイティング**（rating：格付け）とは，作業者の技能度，努力度，安定度などによって影響される作業の観測時間の平均値を，標準の技能をもつ作業者の作業時間を基準として，人のもつ感覚尺度によって比較し評価することをいう．その比を％で表した数値を**レイティング係数**といい，標準となる作業

速度を100%として評価し，それより速ければ100以上，遅ければ100以下の数値で表す．レイティングを正しく行うには，ビデオなどの画面観測により動作速度の標準値を正しく評価できるように，常に訓練を行うことが必要である．

観測時間の平均値から**作業正味時間**を求めるには次式による．

$$作業正味時間 = 観測時間の平均値 \times \frac{レイティング係数}{100} \qquad (\mathbf{5 \cdot 2})$$

たとえば，ある作業の観測時間の平均値が12.5分であった．作業者のレイティング係数が120%であるとき，作業正味時間は(**5·2**)式から次のように求めることができる．

$$作業正味時間 = 12.5 \times \frac{120}{100} = 15.0\ (分)$$

⑨ 観測結果を整理して検討する … “個”の欄に時刻差を記入し，異常値を除いて要素作業ごとに平均値を算出する．整理中に，改善や参考事項があれば記事欄に記録する．

（2） ワーク サンプリング

（a） ワーク サンプリング（work sampling）**とは**　一定の時間内において，あらかじめランダム（無作為）に選んだ時刻に，作業者や機械の動きを瞬間的に観察して記録・集計し，このデータに基づいて，作業状態の発生の割合を統計的手法を用いて推定する方法である．

この方法は，図**5·9**に示すように，観測用紙の調査項目欄にチェックするだけなので，多くの対象とする作業をほとんど同時に観測することができ，簡単なやり方のわりに正確な結果が得られる．直接観測法に比べると，作業内容の細かな分析や作業順序の記録ができないが，熟練がなくても一人で多くの人や機械を容易に観測することができるうえ，費用が少なくてすみ，多くの種類の作業に適用できる．また，必要に応じて観測回数を増やせば，所定の精度を得ることができる．

現在では，ビデオの活用と観測の自動化によりビデオ ワーク サンプリングが行われ，観測の手数と費用が大幅に短縮することができるようになった．

（b） ワーク サンプリングの利用目的　ワーク サンプリングは次のような目的に用いられる．

① 作業者，機械設備の稼働率を調査し，有効な活用をはかる．

② 稼働していない状態の原因を発見して改善する．

ワーク サンプリング観測用紙

年　月　日

工場名＿＿＿＿　職場名＿＿＿＿　観測者＿＿＿＿

観測項目		観測時刻	8時15分	8時25分		16時30分	合計
作業（稼働）	準備	作業方法	//	/			15
		部品・材料	//				8
		治具・工具	//	/			21
		整理・整頓	/	/			7
	主作業	自動送り切削		///		///	79
		手送り切削		////		卌	38
	付随作業	刃物台もどし		//			26
		材料取付け・取外し	//	/			31
		計測，検図	//	//		/	15
	小計		11	15		9	240
余裕	作業余裕	工具取替え	//	/		/	21
		機械調整	//			/	25
		機械注油	/			/	7
		切粉はらい		/			6
	職場余裕	材料・工具待ち	/				8
		クレーン待ち	/	//		/	4
		作業打合わせ	/				16
		終業前の清掃				卌	10
	用達余裕	水飲み					5
		用便					21
	小計		8	4		9	123
非作業	非作業	かかり遅れ，早じまい	/				13
		雑談		/		//	8
		休息					9
	不在	離席，不明					7
	小計		1	1		2	37
観測数合計			20	20		20	400

図 5·9　ワーク サンプリング観測用紙の一例

③　標準時間の余裕率を求める．

④　各作業状態の発生する時間的な割合を調査する．

⑤　長い周期の繰り返し作業や事務作業などの標準時間を設定する．

（c）**ワーク サンプリングの方法と考え方**　観測者はあらかじめランダムに決められた時刻，定められた経路と地点により観測を行い，瞬間的に稼働中か不稼働か，または利用目的に必要な観測項目の区分にしたがって，その該当欄に度数マークなどの記号を記入する．

いま仮に，ある職場の工作機械群について稼働の状態を調べることにし，繰り返し観測した結果，観測の総数を1000とし，そのうち稼働中の観測数が750であった場合，**稼働率**は次式で求められる．

$$\text{稼働率}=\frac{\text{稼働中の観測数}}{\text{総観測数}}\times 100\ (\%)\ =\frac{750}{1000}\times 100=75.0\ (\%)$$

ワーク サンプリングでは，上式に示した稼働率を，ある事柄が現われた割合，すなわち**出現率** p として扱い，稼働中の観測数を出現数 r，**総観測数**を n の名称と記号で表し，稼働率の式を次式に置き換える．

$$p=\frac{r}{n}\times 100\ (\%) \qquad (5\cdot3)$$

この場合，p は観測によって求めた出現率であり，この出現率によって，実際に作業の行われている作業者や機械設備の稼働率を推定することになる．しかし，推定には確率が伴ってくるので，**(5·3)**式に示す p の値が，はたして作業全体の正しい確率として扱えるかどうかを考えなければならない．

ところで，確率とは，ある事柄が発生する確からしさの割合をいうのであって，たとえば，発生するすべての数が N 通りあり，そのうち事柄Eの発生する場合の数が a 通りならば，$\mathrm{P(E)}=a/N$ の式はEの発生する確率を示していることになる．

確率の示す値には，観測の数が多ければ多いほど実際に近い出現率を求めることができる性質がある．しかし，正確さを求めるために観測数を無限に増やすことはできないから，ある程度の誤差を認めて観測の総数を決めることになる．観測結果の正確さは信頼度と精度によって表される．

① **信頼度**　真の値に対する観測値の確からしさを示す割合をいい，通常は95%を用いる．これは，観測数100のうち確からしさ95を示している．

② **精度**　真の値に対する観測値のばらつきやかたよりなどの誤差の小さい程度をいい，誤差の小さい観測値ほど精度がよいことになる．これを絶対精度と呼び，記号を e で表すと，出現率の平均値 p は真の値を中心として $\pm e$ の範囲内にあることになる．また，出現率 p に対する絶対精度 e の割合を示すものとして相対精度があり，これを S で表すと，$e=Sp$ の関係が得られる．

ワーク サンプリングでは，確率の理論をもとにして，以上に述べた信頼度と精度とから次式の関係を成立させ，この式から**総観測数** n を求めることができる．

$$n = \frac{u^2 p(1-p)}{e^2} = \frac{u^2(1-p)}{S^2 p} \tag{5·4}$$

ここに，u は信頼係数であり，正規分布の上側 2.5% 点を用いて $u=1.96$ または端数を処理して $u^2=4$ とし，p の値は過去の経験値，資料または予備調査などから決める．予備調査は通常 200 ～ 400 程度の観測を行う．表 **5·5** は観測の目的別による観測の精度と総観測数の目安を示している．

表 5·5　観測目的別の観測精度の目安

観測目的	出現率 p (%)	絶対精度 e (%)	相対精度 S (%)	総観測数 n
作業改善	30	±2		2100
停止，遊び，運搬など稼働に対する問題点の割合を求める調査	15	±3		600
	30	±3		950
余裕率の決定	10	±3		400
	20	±3		750
	10		±5	14400
	20		±5	6400
作業正味時間の決定	80		±2	2500
要素作業の正味時間決定	10		±5	14400

〔例題 5·1〕　ある工場で職場余裕（手待ち）が 25%程度発生していると推定される場合，信頼度 95%，相対精度 ±5%でワーク サンプリングを行うときの観測数を求める．

〔解〕　この場合，$p=25\%=0.25$，$S=\pm 5\%=\pm 0.05$ であるから，(**5·4**)式より

$$n = \frac{4(1-p)}{S^2 p} = \frac{4(1-0.25)}{(0.05)^2 \times 0.25} = 4800$$

（d）　ワーク サンプリングの実施手順

① 観測の利用目的を明らかにする．

② 関係者に十分な説明を行い，理解と協力を求める．

③ 観測項目を決める（図 **5·9** 参照）．

④ 観測しようとする出現率を推定する．

⑤ 観測目的に応じた信頼度と精度を決める．

⑥ 総観測数を算出する〔算出の方法は（c）項に記載したとおりである〕．

⑦ 観測者数と観測日数を決め，1 人当たり 1 日の巡回観測数を算出する．

1人1日当たり巡回観測数

$$=\frac{\text{総観測数}}{\text{観測者数}\times\text{日数}\times 1\text{人}1\text{巡回当たり観測対象数}}$$

なお，1人1日当たりの巡回観測数は20～40が限度であり，1人1巡回当たりの観測対象数は20～30が適当である．この場合，1巡回に要する時間の多少を考えて，観測者数や日数を加減することが必要となる．

⑧ 観測の時刻および経路を決める．

⑨ 観測者を決め，計画にしたがって観測を実施し，観測用紙に記入する．

⑩ 観測結果を検討する．

（e） **作業正味時間，作業標準時間の求め方** ワーク サンプリングの結果，製品1個当たりの作業正味時間は次式によって求められる．また，作業標準時間は(5·1)式から算出される．

$$1\text{個当たり作業正味時間}=\frac{\text{総経過時間}\times\text{出現率}\times\text{レイティング係数}}{\text{総生産個数}}$$

〔**例題5·2**〕 ある作業者についてワーク サンプリングにより1日8時間の観測を行ったところ，作業の出現率の平均値は75％で，レイティング係数は100％であった．1日の生産個数が150個であるとき，1個当たりの作業正味時間を求める．また，余裕率を勤務時間の10％とするときの1個当たりの作業標準時間を求める．

〔**解**〕 この場合，出現率＝75％ ＝0.75，レイティング係数＝100％＝1.0，余裕率＝10％ ＝0.1であるから

$$1\text{個当たり作業正味時間}=\frac{(8\times 60)\times(0.75)\times(1.0)}{150}=2.4\text{分/個}$$

$$1\text{個当たり作業標準時間}=2.4\div(1-0.1)=2.67\text{分/個}$$

（3） PTS法

作業を直接に観測する方法は作業研究の基本的な手法であるが，比較的手数がかかるうえ，観測者の個人差にも影響される．

そこで，作業を構成する基本的動作について，あらかじめ権威のある標準時間を定めておき，この時間値を組み合わせていけば，レイティングの手間を省いて，いろいろな作業の標準時間を正しく求めることができる．

このような考え方から**PTS法**（predetermined time standard system：既定時

間標準法）が生まれた．

PTS法には，代表的手法として，WF法（work factor system）とMTM法（method time measurement system）とがある*．

（a） **WF法**　ワーク ファクタ（作業因子）法とも呼ばれ，1938年にクイック（J. H. Quik）らによって開発された．**WF法**では，基本的な条件として，人間が仕事をする場合，“同じ動作は誰がいつどこで動作しても同じ時間でできる”という考え方のもとに，動作時間に影響を及ぼす主な要因として，次の四つをあげている．

① 身体の各部位…指（F），手（H），前腕（FS），腕（A），胴（T），脚（L），足（Ft）．

② 運動距離

③ 重量または抵抗（W）．

④ 人為的な調節…一定の停止（D），方向の調節（S），注意（P），方向の変更（U）．

これらの四つの要因の組合わせによって動作時間を決める．このうち，①と②は基礎動作を示すが，③の重量または抵抗と④の人為的な調節とは，ともに動作を遅らせる要因となり，動作の困難性を意味するので，これらをワーク ファクタと呼ぶ．WF分析の名称は，このことから生まれている．

時間単位はWFU（work factor unit）を用い，1 WFU＝0.0001分である．

（b） **MTM法**　これは動作時間測定法の意味をもち，1948年にメイナード（H. Maynard）らによって発表された．サーブリッグから発展した動作時間の測定法で，作業者の行う基本動作を次のように分けて分析する．

① 手を伸ばす（R），② 運ぶ（M），③ 回す（T），④ 力を加える（AP），⑤ つかむ（G），⑥ 定置する（P），⑦ 手をはなす（RL），⑧ 引きはなす（D），⑨ 目の移動（ET），⑩ 目の焦点合わせ（EF）

この方法によって作業を分析するには，作業動作に“何がなされたか”を見分けて基本動作を選び出し，その基本動作の大きさとなる動作距離，動作の難易などによって時間値表を用い，作業時間を求める．

時間単位は，TMU（time measurement unit）で，1 TMU＝0.00001時間＝0.0006分＝0.036秒である．

---

* 日本においては，WF研究会，日本MTM協会などが，それぞれ普及活動を行っている．

（c） **PTS 法の特徴**　**PTS 法**には次のような長所，短所がある.

〔**長所**〕

① 公平な標準時間を比較的早く設定することができる.

② 動作速度のレイティングを必要としない.

③ 作業の動作と時間を分けることなく同時に研究することができる.

④ 生産を開始する前に作業方法を計画し，標準時間を設定することができる.

〔**短所**〕

① 分析手法の習得には訓練が必要で，正確に使いこなすまでには時間がかかる.

② 機械的に制限をうける動作時間には適用できない.

③ 人間の思考や判断を必要とする不安定な作業には適用できない.

したがってPTS法の用途には，① 手作業における標準時間の設定，② 作業方法の改善，③ 生産開始前の作業方法の設計，④ 作業者に対する作業方法の訓練，⑤ 製品，設備，治工具の設計などがある.

5·6 作業研究の活用

作業研究の結果は，現状の技術水準のもとで実行できるものを整理して標準化し，これを実際に活用できるようにしておかなければならない．そのためにつくられる基準を**作業標準**という.

1. 作業標準

社内規格の中でも重要なものの一つで，製造作業について，作業条件，使用する材料・部品，設備・機械，工具・器具などの基準を定め，作業の方法や要点を手順にしたがって記入したもので，必要に応じて標準時間，単価，安全のための心得や防具なども含まれることもある．作業標準を指示するために一覧表とした作業標準書を**作業指導票**または**作業指示書**などと呼ばれている.

作業指導票には管理者用，作業員用など用途に応じた種類があり，作業者用は主として図解式で寸法を明示し，わかりやすく書かれている．図**5·10**は作業指導票（作業者用）の一例を示したものである.

品名	D601R	作業名	マーキング作業（スタート時）	作業指導票	資料番号		工場班名	

番号	作業順序	図	注意
1	タイプ別に製品を分けて棚に置く.	Ⓐ	
2	MC 上にある製品の有無を確認する.		エア ブローで吸引.
3	ゴム印ホルダにゴム印をセットし，マークを確認する.	Ⓑ	ダミー マガジンの使用.
4	PF 内にダミー ゴムを入れ，シュータ内の残留品を確認する.		
5	MG を供給する.		
6	バインダを使用し，チェックシート，品名カード，引渡票を確認し，マークをチェックする.	Ⓒ	
7	製品を入れ，コレクタをカットし，マガジン 1 本文の最長と最短を計り，チェックする.	Ⓓ	
8	マークのマガジン ピッチを合わせ，UV ランプをかけて，MC を動かす.		
9	同一品種同一ランクの場合は，引き続き流す.	Ⓒ	カード，マークの確認.
10	p リング テストを行う.		1 シフト 1 回
	（以下，MC 終了後の作業省略）		

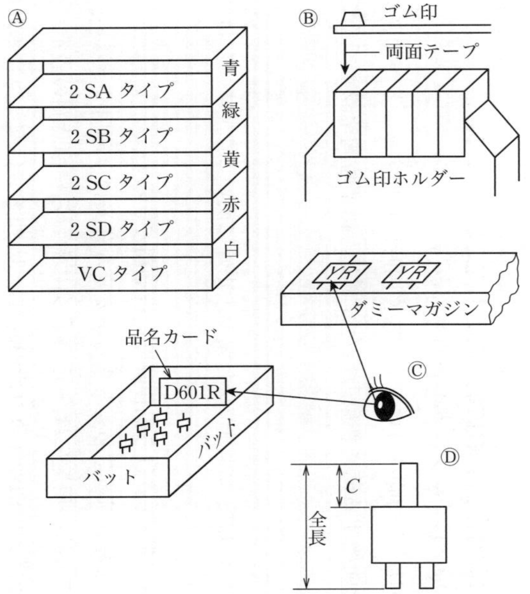

使用機械	MC−No.1	寸法	C カット	0.6〜0.7
良品数量	20,000		全長	2.7〜2.8

図 5·10　作業指導票の例

2. 作業標準資料の活用方法

定められた作業標準によって製造を実施すれば，工程が安定し，均質な製品が生産される．そのためには，作業の実施内容が常に標準どおりに行われていなければならない．標準資料を利用する際に注意することをあげると，次のとおりである．

① 標準作業が作業指導票どおり行われているかどうかを，工数管理や品質管理の実施により点検する．

② 作業の方法や治工具の改善が行われたら，作業指導票の担当者は直ちに作業標準の改訂を行う．

③ 監督者訓練および作業者の訓練を行う．

④ 以上の手続きを規定して徹底させる．

5章 | 演習問題

5·1 機械操作作業を時間研究で観測した結果，製作部品1個当たりの観測時間の平均値が2.687分であった．この場合の標準時間を求めよ．ただし，レイティング係数を95%，余裕率を20%とする．

5·2 ある工場で，ワーク サンプリングを行って，余裕率を決定するために300回の予備調査の結果，出現率10%を得た．絶対精度±2%とした場合の観測数を算出せよ．

6

資材と運搬の管理

6·1　資材管理

1.　資材管理とは

工場において，生産活動に必要な原材料，部品，消耗品などの物品を**資材**といい，**資材管理**（materials management）は，所定の品質の資材を必要とするときに必要量だけ適正な価格で調達し，適正な状態で保管し，（要求に対して）タイムリーに供給するための管理活動である．

資材管理を進めるには，資材調達の計画を立て，資材を購入し，検査，受入れおよび保管を行い，生産現場の要求に応じて供給しなければならない．すなわち，資材管理の活動に必要な業務内容は，資材計画（材料計画），購買管理，外注管理，在庫管理，倉庫管理，包装管理および物流管理であり，これらを的確に推進する必要がある．

これらの管理活動は，管理技術の進歩とともに大きな影響を受け，資材所要量計画（MRP），在庫管理，価値分析（VA）〔**3**項（**2**）参照〕，オフィス オートメーション，事務機械など，新技術の導入や機械化が活発に行われている．

資材所要量計画（**MRP**）とは，ある期間に生産するのに必要な製品の種類と数量が決定されたとき，それらの製品製造に必要な構成部品，材料の種類，数量，手配時期などを，必要に応じて決める資材の手配計画をいい，これらの計画や生産の能力調整は，コンピュータの活用によって迅速に処理されている．

2.　資材の種類

機械工業に用いられる資材は，固定的なものとしては，機械，設備，土地，建物などを含み，流動的なものとしては，材料，部品，仕掛品，製品などがあげられる．ここでは主として資材の大半を占める材料について分類すると，表**6・1**のように分けられる．

表6・1　材料の分類

分類	材料の種類
材　質	鉄材，非鉄金属材，非金属材
用　法	主要材料，補助材料，消耗材料
管理法	常備材料，注文材料（特別に注文を必要とする材料）

3. 資材の計画

（1） 材料の計画

資材の中では材料が基本となるので，材料の計画について述べる．

材料計画とは，生産計画に基づいて製品の生産に必要な材料の種類，材質，寸法，数量，時期，調達方法などを，月別あるいは期間別にして手配計画を立てることで，これらを一覧表にしたものを**材料表**といい，材料計画部門が担当してつくる．

材料計画にあたっては，あらかじめ次のような点について準備する．

① 材料の資料となる材料所要量基準表をつくる．これは，製品の各必要部品や1台当たりの各部品の数量，材質，寸法などを決めて表としたものである．

② 材料の名称を決め，さらにこれを記号化して分類する．

③ 材料の価格を低くし，管理しやすくするために，標準化して規格統一を行う．標準化を促進するには，VA（次項参照）の考え方が効果的である．

④ 調達方法として，自工場でつくる（内作）か，外部に注文（外注または外作）するかの内外作区分を検討する．

（2） VA（価値分析）とは

製品に必要な機能を最も低い原価で求めるために，製品の価値について原材料，設計，加工方法などのあらゆる面から分析研究を進めていく活動を**VA**（value analysis：**価値分析**）と呼ぶ．この場合の機能とは，製品の目的を達成するための能力やはたらきなどの特性をいう．

製品の価値を決めるのは需要者である．したがって，企業は需要者の立場に立った価値測定の尺度を考えていく必要がある．この尺度をVAでは次式で表している．

$$\text{価値}(V)=\frac{\text{機能}(F)}{\text{原価}(C)}=\frac{\text{機能を評価した金額}}{\text{機能をつくるため実際に必要な費用}}$$

上式から，製品の価値を向上させるには，次のことを行う必要があることがわかる．

① 機能を一定にして原価を下げる．

② 原価を一定にして機能を向上させる.

③ 原価が上がる場合は，それ以上に機能を向上させる.

すなわち，VAの特徴は，製品の機能を中心とした考え方で，需要者が品物を購入するのは，その機能に対して代価を支払うのであって，もし機能が不完全であれば，その品物は価値がないものと評価する.

VA活動の手順は，① 機能の明確化，② 情報の収集，③ 機能の整理，④ 機能の評価，⑤ 改善案の作成，⑥ 改善案の評価，⑦ 試作，⑧ 提案，⑨ 実施，という段階で行われる.

なお，VA（価値分析）の名称は開発当初に名付けられたもので，その後，アメリカ海軍の資材調達に利用されて成果を収めたころから**VE**（value engineering：**価値工学**）とも呼ばれるようになった.

6·2 購買管理

購買管理（purchasing control）とは，生産活動にあたり，外部から適正な品質の資材を必要量だけ，必要な時期までに経済的に調達するための手段の体系である．主な購買管理の仕事としては，購買のための調査，計画，実施などである.

1. 購買の調査と計画

購買の計画にあたっては，① 当期間中に資材の消費する予定量，② 資材の有効な手持ち量および最低の保有量，③ 発注から納入までの所要期間，④ 市場や仕入れ先の状態，⑤ 市況や季節的変化による物価変動の予想，などをよく調査しておく必要がある.

購買の計画を行うには，以上の調査資料に基づいて最も有利な成果をあげるために，① 何を，② いつ，③ どこから，④ どれだけ，⑤ どういう条件で，という五つの基本的な方針を立てる必要がある．すなわち，① は品種・品質，② は購入時期，③ は仕入れ先，④ は購入数量，⑤ は価格や支払い条件を示している.

2. 購買の手続き

資材を購入する一般的な手続きは，次に示すとおりである.

① 購買要求書により資材購入の依頼が行われる.

② 事前に調査してある取引き先の数社に対して見積りを依頼し，見積りの内容を比較して購買先を選ぶ.
③ 選んだ購買先に注文書を渡して購買契約を結ぶ.
④ 約束の期日に確実に納品できるように納入の促進を行う.
⑤ 注文品を受け入れて注文書との比較検査(検収)を行い，倉庫係へ引き渡す.
⑥ 代金の支払いを手配する.

なお，注文書には，注文先，注文番号，品名，内容（材質，寸法，規格など)，納期，納入場所，輸送条件，価格および支払い条件などを記入する.

3. 発注の方式

資材の在庫量は，多過ぎると在庫の費用や金利がかさみ，少な過ぎると在庫量が不足して生産の進行に支障をきたすことになる．したがって，適正な在庫量を保有するためには，発注の時期と発注量の調整が重要である．この発注方式として，定量発注方式と定期発注方式の 2 種類がある.

(1) 定量発注方式

在庫量が前もって定められた水準まで下がったとき，一定量を発注する方式で，**発注点方式**とも呼ばれる．発注量が一定なので需要速度の変化に応じて発注間隔が影響する．したがって，この方式は，常備品や一般市販品のように需要がほぼ安定し，単価が安く，使用量の多い小物類の発注に適している.

図 **6·1** に示すように，在庫量の水準が次第に下がって A 点に達すると，発注量 BC を注文する．注文を発してから購入，検査などの手を経て物品が納入されるまでの期間を**調達期間**または**リード タイム**（lead time）という．図では B 点で発注量が入庫し，在庫量は急上昇して C 点に至る．この場合，A 点を通る発注の在庫

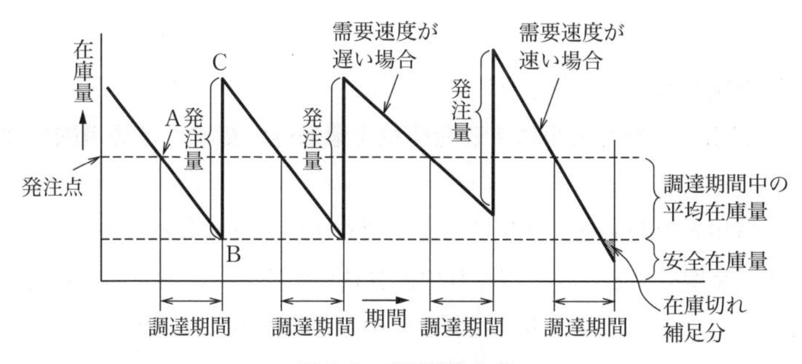

図 6·1 定量発注方式

量の水準を**発注点**という．C点から需要量が少なく需要速度が遅いときは，グラフの線はゆるやかに下がって在庫量は多くなるが，逆に需要量が多く需要速度が速いときは，発注点で注文してもグラフの線は急に下がり，品物の入庫前に“在庫切れ”が生ずる．この在庫切れを防止するためには，調達期間中の推定需要量に安全在庫量を加えた発注点とし，在庫量にゆとりをもたせればよい．ここに安全在庫とは，需要変動または補充期間の不確実性を吸収するために必要とされる在庫である．

（a）**発注点の求め方**

$$\text{発注点} = \text{調達期間中の推定需要量} + \text{安全在庫量}$$
$$= (\text{単位期間の平均需要量} \times \text{調達期間}) + \text{安全在庫量} \qquad (6 \cdot 1)$$

ただし，単位期間は日または月である．

（b）**安全在庫量の求め方**

$$\text{安全在庫量} = \text{安全係数} \times \text{標準偏差} \times \sqrt{\text{調達期間}} \qquad (6 \cdot 2)$$

ただし，安全係数と標準偏差との表す内容は次のとおりである．

（i）**安全係数**　在庫切れの確率をどの程度まで許せるかによって決まる係数で，標準偏差の倍率を示している．**安全係数**の値は，在庫切れの発生する確率が，2.5％のとき1.96，5％のとき1.65，10％のとき1.28で，確率5％のときが一般に用いられている．

（ii）**標準偏差**　データのばらつきの度合いを数量的に示す統計量の一つで，データの各数値とその平均値との差の平方の和を自由度〔(データ数)－1〕で割った値を**不偏分散**といい，不偏分散の正の平方根を**標準偏差**という．すなわち，データの各数値を x_1，x_2，…，x_n，その数を n 個とし，これらの平均値を $\overline{x}$（エックスバーと読む）で表すと，標準偏差は次式で表される．

$$\text{標準偏差} = \sqrt{\frac{1}{n-1}\{(x_1-\overline{x})^2+(x_2-\overline{x})^2+\cdots\cdots+(x_n-\overline{x})^2\}} \qquad (6 \cdot 3)$$

（iii）**最適発注量**　定量発注方式において，ある一定期間における購入品の調達費用と保管費用との和を最小にする発注量を**最適発注量**または**経済的発注量**という．

発注量と費用との関係をグラフに示すと図**6･2**のようになる．すなわち，1回当たりの発注量を増やすと，単位当たりの保管費用が増大し，逆に調達費用は減少する．したがって，この二つの和が最小となるような点が最適発注量であることがわかる．

いま，一定期間を1年として考えると，最適発注量は次式によって求めることができる．

$$最適発注量 = \sqrt{\frac{2 \times 年間需要量(個) \times 1回当たりの調達費用}{購入単価(円) \times 在庫保管費率}} \quad (6\cdot4)$$

ただし，在庫保管費率とは，1年間の保管品1個の価格に対する保管費用の比率で，通常は，保険料や損耗費などを含めると25％程度になるといわれている．なお，(6·4)式の右辺のルートの中の分母は，1個1期当たりの保管費用を表している．

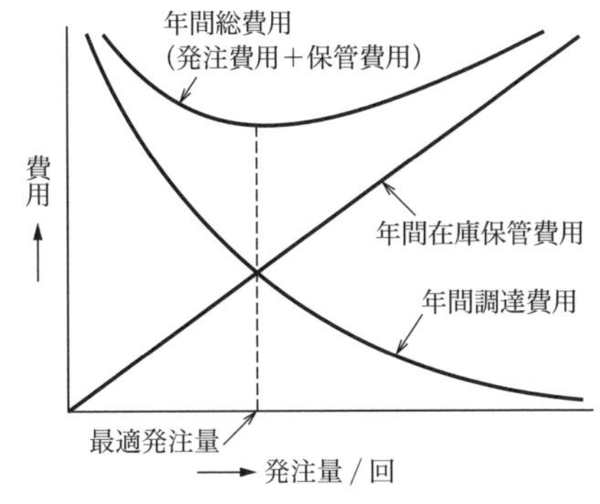

図6·2　最適発注量

〔**例題6·1**〕　ある品物の6か月間の需要量の実績が表6·2のようであった．いま，調達期間が1.5か月かかり，在庫切れの発生する確率が5％のときの発注点を求める．

表6·2　各月の需要量

月	需要数量
1	180
2	220
3	190
4	170
5	230
6	210
計	1200

① **平均値を求める**

$$1か月の平均需要量 = \frac{合計}{データ数} = \frac{1200}{6} = 200$$

② **標準偏差を求める**…　(6·3)式から

$$標準偏差 = \sqrt{\frac{(各データの値-平均値)^2の合計}{(データ数)-1}}$$

$$= \sqrt{\frac{(180-200)^2+(220-200)^2+\cdots\cdots+(210-200)^2}{6-1}}$$

$$= \sqrt{\frac{2800}{5}} = 23.664$$

③ **安全在庫量を求める**…(b)項(i)から，在庫切れが発生する確率が5％のとき安全係数は1.65，したがって(6·2)式から

$$\textbf{安全在庫量} = 安全係数 \times 標準偏差 \times \sqrt{調達期間}$$

$$= 1.65 \times 23.664 \times \sqrt{1.5} \fallingdotseq 48$$

④　**発注点を求める**…（**6·1**）式から

発注点＝(1か月の平均需要型×調達期間)＋安全在庫量

　　　＝(200×1.5)＋48＝348個

〔**例題 6·2**〕　ある品物の単価が1個当たり640円で，年間需要量が60000個，1回当たりの調達費用が12000円，在庫保管費率が25%，安全在庫量が1000個のとき，① 最適発注量，② 平均在庫量，③ 発注回数を求める．

年間需要量＝60000個，調達費用＝12000円，単価＝640円，在庫保管費率＝25%＝0.25を（**6·4**）式に代入すると

①　$最適発注量=\sqrt{\dfrac{2\times 年間需要量\times 1回当たりの調達費用}{購入単価\times 在庫保管費率}}$

$$=\sqrt{\frac{2\times 60000\times 12000}{640\times 0.25}}=3000個$$

②　$平均在庫量=\dfrac{発注量}{2}+安全在庫量=\dfrac{3000}{2}+1000=2500個$

③　$発注回数=\dfrac{年間需要量}{発注量}=\dfrac{60000}{3000}=20回$

（２）　**定期発注方式**

図**6·3**に示すように，あらかじめ一定の期間たとえば月1回のように，発注する間隔を定めておき，そのつど現在の在庫量や需要量などに応じて発注量を定め，発注する方式である．

この方式は，需要が変動する場合に適し，主として単価の高い品物には有利であるが，適切に需要を予測することが必要である．

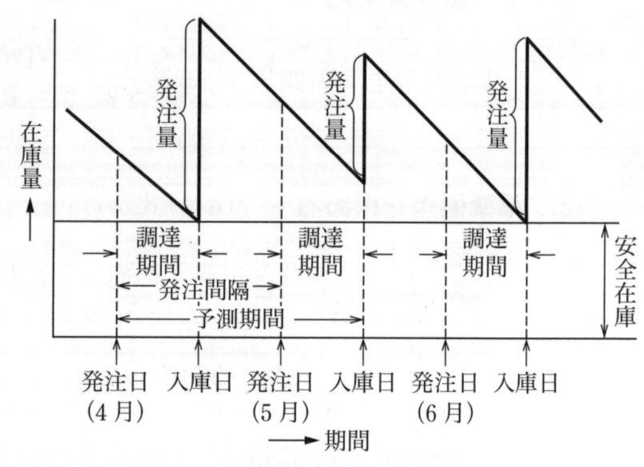

図 6·3　定期発注方式

（a）　**発注量の求め方**

発注量＝予測期間中の予測需要量－発注時の在庫量＋安全在庫量　　（**6·5**）

もし発注時に注文残（発注してあるが，まだ入庫してない）があれば，これを上

式から差し引き，納入残（受注しているのに，まだ未納入）があれば，これを加える．また，予測期間とは（発注間隔＋調達期間）である．

（b） **安全在庫量の求め方**

$$\textbf{安全在庫量} = \text{安全係数} \times \text{標準偏差} \times \sqrt{\text{発注間隔} + \text{調達期間}} \qquad (6\cdot6)$$

〔**例題 6・3**〕 例題 6・1 の需要数量の実績において，6 月の発注時における在庫数が 60，注文残が 40 であった．調達期間 0.5 か月，発注間隔 1 か月，在庫切れの発生する確率を 5%，予測需要を過去のデータの平均値として定期発注方式による発注量を求める．

① **安全在庫量を求める** … (6・6)式から

$$\begin{aligned}\text{安全在庫量} &= \text{安全係数} \times \text{標準偏差} \times \sqrt{\text{発注間隔} + \text{調達期間}} \\ &= 1.65 \times 23.664 \times \sqrt{1 + 0.5} = 47.8 \fallingdotseq 48\end{aligned}$$

② **発注量を求める** … (6・5)式から

$$\begin{aligned}\text{発注量} &= (\text{発注間隔} + \text{調達期間}) \times 1\text{か月の平均需要量} \\ &\quad - \text{発注時の在庫量} - \text{注文残} + \text{安全在庫量} \\ &= (1 + 0.5) \times 200 - 60 - 40 + 48 = 248\text{個}\end{aligned}$$

6・3 外注管理

1. 外注管理とは

外部に注文した品物の品質，価格，納期などについて合理的な管理を行うことである．発注の点では購買と同じであるが，契約のつど，図面の支給，仕様の打合わせ，技術指導，時には材料の支給を伴うこともあり，外注企業は発注企業との多部門にわたっての結びつきが多い．

なお，**仕様**とは，企業または工場が外部の業者と材料，製品，工具，設備などの売買契約を行うときに，要求する特定の形状，構造，寸法，成分，能力，精度，性能，製造方法，試験方法などの必要事項を定めたもので，この仕様を文書化したものを仕様書という．

2. 外注利用の目的

外注は次のような場合に取り入れられる．

① 生産量が少なく外注した方が原価が安い．
② 需要の急増によって生ずる生産能力の不足を補う．
③ 自社にない技術や設備を必要とする．
④ 需要の見通しが困難で設備資金を投入する危険をさける．

3. 外注管理の内容

JIS Z 8141 では，**外注管理**（subcontract control）を「生産活動に当たって，内外製の最適分担のもとに，原材料，部品を安定的に外部から調達するための手段の体系」と定義している．外注を行う際の要件としては，自社の技術や生産能力の不足分を補完すること，要求品質を満足すること，コスト効率が良いことなどがある．

外注管理を行うにあたって必要な仕事の内容は，次のとおりである．

① 何を，どれだけ，どこの外注工場に発注するかを決める．
外注工場を選ぶときは，一定期間の取引き実績によって実態調査のうえ評価を行うと効果的である．

② 契約を結び，その実施が合理的に処理できるように努める．
取り決めの内容としては，仕様，価格，納期，支払い条件，材料支給の有無（支給の場合，有償か，無償か），受渡し場所，運搬，品質検査などがある．

③ 外注企業との関係の調整や合理化につとめる．

さらに，外注企業の技術水準を高めるために，企業の実態を掌握し，次のような援助，指導を行う．

① 資金，機械，設備などの援助や技術指導などを行う．
② 適当な人材を派遣し，経営・管理の助言や援助を行う．
③ 計画的な発注を行い，一定期間の長期契約などを保証する．
④ 品質や納期などの成績の評価と格付けを行う．

6·4 運搬管理

1. 運搬管理とは

物の取扱い，移動および保管に関する技術と管理である．これまで運搬といえば単に物をまとめて運ぶだけの仕事と考えられていたが，現在の運搬作業は，必要とする物品を，必要な時間や場所に，できるだけ安く，安全確実に供給することを目的としている．

したがって**運搬管理**は，工場全体の生産能率に対していかに役立たせるかを考えて管理が行われなければならない．このような運搬管理を**マテリアル ハンドリング**（material handling：**MH**），略称して**マテハン**と呼んでいる．

運搬の方法や施設・設備などを合理化して改善をはかると，① 生産計画の確実化，② 生産量の増加，③ 運搬費の節減，④ 製品損傷の減少，⑤ 仕掛品の減少，⑥ 災害発生の減少，⑦ 製品品質の安定，などの利益が得られる．

2. 運搬計画

工場内の生産活動においては必ず運搬が伴い，実際に運般に必要とする経費は製品原価の 30 ～ 40%を占め，業種によっては 60%に達することもあり，運搬の合理化がいかに大切かがわかる．

したがって，**運搬計画**でまず配慮することは，できるだけ運搬作業を少なくすることである．そのためには，次に述べる**運搬合理化**の要点をふまえて，運搬の方式・設備・経路・重量・回数，運搬費，作業員などの計画を行うことが必要である．

（1） 運搬合理化の要点

① **運搬をなくすことを考える**　その場所での運搬がどうして必要なのか，運搬の目的を追求し，最少の運搬を考える．

② **職場や機械・設備の配置を検討する**　運搬経路は，逆行，屈曲，交差をさけ，なるべく直線運搬とし，空間の利用も考える．

③ **運動の 4 要素を考える**　取る → 運ぶ → 置く → 置いてある（貯蔵, 保存）の 4 要素が運搬のサイクルとして効率的に回るように考える．

④ **物をまとめて運ぶ**　まとめるには，しばる，容器や箱に入れる，パレットやスキッド〔**3** 項(**5**)参照〕にのせる，などの方法がある．

⑤ **物を動かしやすい置き方とする**　物を置くときに次の運搬を考えて，動かしやすい状態にしておくことが大切で，この動かしやすさを**運搬活性**と呼んでいる．表 **6·3** の活性示数は運搬活性の程度を示したもので，活性の困難な順に，0，1，2，3，4 の数字で表している．

⑥ **物の流れの効率化をはかる**　物の流れの効率を高めるには，積み下ろしや中つぎなどの取扱い時間を少なくすることが大切であり，そのためには，

表6·3　運搬活性に用いられる活性示数

区分	活性示数	必要動作数	動作の種類				動作の説明
			まとめる	起こす	持ち上げる	持って行く	
ばら置き	0	4	○	○	○	○	床・台上にばら置き，ばら積みの状態．
まとめ置き	1	3	—	○	○	○	コンテナや箱にまとめてある．
起こし	2	2	—	—	○	○	パレット上にある．
車上	3	1	—	—	—	○	車上にのせてある．
移動中	4	0	—	—	—	—	コンベヤ，シュート，車などで移動．

できるだけ重力の活用，運搬の機械化，自動化を考える．

⑦　**運搬は水平移動とする**　工場，建物，設備，機械，運搬物の各配置は，できるだけ上下の移動を少なくし，水平移動を考える．

⑧　**空**（から）**運搬をさける**　空運搬とは，人だけ（空身）で車を取りに行ったり，空車を移動させたりすることをいう．空運搬の分析には運搬工程分析（次項参照）を利用する．

（2）　運搬経路の計画

運搬経路の計画を立てるには，職場や設備の配置とともに運搬の経路を調査する必要がある．この経路の調査には**運搬工程分析**の手法が用いられる．分析の方法は，工程の経路にしたがって品物の流れる状態を記号によって分析する．

工程図として工程分析記号による流れ工程図や流れ線図を用いて分析してもよいが，運搬の状態をさらに詳細に分析するには，表6·4（a），（b）

表6·4　運搬工程分析に用いられる記号

（a）　基本記号

名称	記号	内容	品物の状態
移動		品物の位置の変化	動く．
取扱い		品物の支持方法の変化	
加工	○	品物の形状の変化と検査	動かない．
停滞	▽	品物に変化はない．	

（b）　台記号

名称	記号	状態
ばら置き		床，台などにばらに置かれた状態
まとめ置き		コンテナまたは箱などにまとめられた状態
起こし		パレットまたはスキッドで起こされた状態
車上		車にのせられた状態
移動中		コンベヤやシュートで動かされている状態

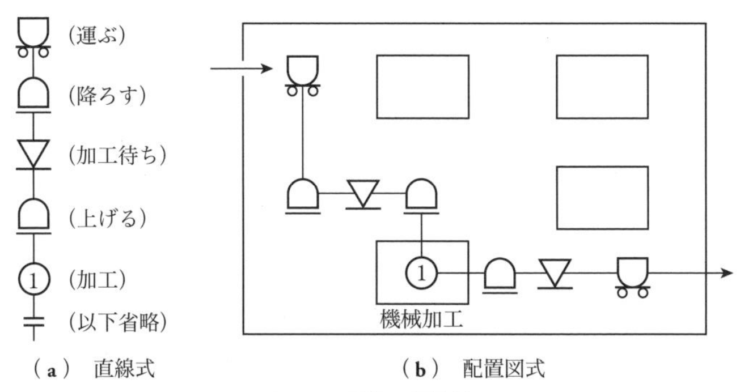

（a）　直線式　　（b）　配置図式

図 6·4　運搬工程分析図

表 6·5　移動線

	線別	色別
物	――――	黒
人	--------	赤
運搬具	―-―-―	青

に示すような基本記号および台記号を用いる．

これらの分析記号を用いて品物の流れを表した例が図 6·4 に示す**運搬工程分析図**で，直線式と配置図式とがある．直線式は（a）図に示すように，工程の順序にしたがって分析記号を直線状に表示し，必要に応じて記号の左側に所要時間，距離などを記入し，右側に場所，作業者，運搬具，回数，方法などを記入する．配置図式は，（b）図に示すように，工場設備の配置図に直線式に準じて分析記号と運搬経路とを記入したもので，移動線を表 6·5 のように，人，物，運搬具に分けて示し，運搬経路のほか，人と物と運搬具の関係を明らかにすれば，空（から）運搬の状況を容易に知ることができる．

（3）　運搬の方法

運搬の方式は生産方式によって異なるが，時間的な関連から分類すると，次のように分けられる．

（a）　**間欠運搬**　ある時間の間隔をおいて運搬される方式で，その時間の間隔により不定時運搬と定時運搬とに分けられる．**不定時運搬**は，多種少量生産で運搬品を比較的遠い所にまとめて運搬する場合に適している．**定時運搬**は，時刻表のもとに定刻巡回して運搬する方式で，中量生産に適し，仕掛品の滞留をなくして運搬の効率化をはかることができる．運搬具は手押し車，フォークリフト トラック，クレーンなどが用いられる．

（b）　**連続運搬**　運搬品を連続的に運搬する方式で，非常に能率的な運搬となる．少種多量生産で連続的に加工や組立てをする場合に適している．運搬設備には，各種のコンベヤ，シュートなどが用いられる．

3. 運搬設備

運搬に用いられる設備の種類はきわめて多いが，設備の選定にあたっては，運搬計画に基づき，生産の方式や技術に合わせて，全体としての釣合いを考えることが大切である．主な**運搬設備**をあげると，次のとおりである．

（1） クレーン（crane）

荷を持ち上げて，上下，左右，前後に運搬する機械装置で，起重機ともいう．図6·5にも示すように，使用目的によって多くの種類がある．

（a） **天井クレーン**　工場，倉庫などの天井部に設けられるクレーンで，材料の運搬，上げ下ろし，組立てなどに用いられる．巻上げ重量は一般に5～10トンが多く用いられ，大形のものには200～600トン程度までである．小能力には電気ホイスト〔(3)項(b)参照〕を用いたホイスト式天井クレーン，大能力には，クレーンガーダ上を移動する**トロリ**（荷をつる移動車）に巻上げと移動装置を備えたクラブ式天井クレーンが用いられる．

（b） **ジブ クレーン**（jib crane）　ジブという長い腕をもつクレーンで，ジブの先端から荷をつり上げて移動させる．高い塔状の脚部をもつ塔形ジブ クレーン，高い門形の脚部をもつ門形ジブ クレーン，工場，倉庫などの建物の柱や壁に水平に取り付けたジブをもつ壁クレーンなどがある．塔形ジブ クレーンは主として造船所などで用いられ，巻上げ能力は25～100トン程度である．

（c） **橋形クレーン**　レール上を走行する脚をもつ橋げたに，トロリまたはジブ付きクレーンをもつクレーンで，**ガントリー クレーン**（gantry crane）ともいわれる．主として屋外に設けられ，重量物の運搬，機械装置の組立てなどに用いられ

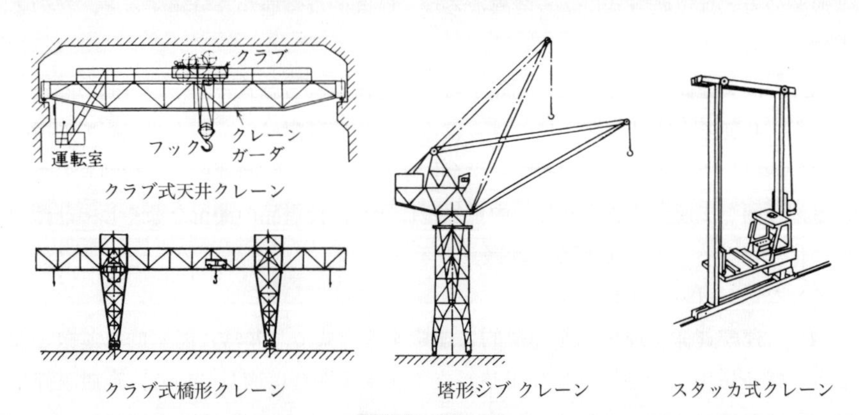

図6·5　クレーン

る．巻上げ能力は5～300トン程度である．

（d） **スタッカ式クレーン**（stacking crane） 棚を立体的に配置した倉庫などで，パレットにのせた荷を能率よく入出庫するために用いられるクレーンで，荷台部分に運転台を設け，運転士が荷物を確認しながら操作を行うものと，自動倉庫（**6·5**節**2**項参照）に設けて，情報システムの操作によって荷の出し入れを完全自動化したものなどがある．

（2） **コンベヤ**（conveyor）

材料や貨物をのせて連続的に一定の距離を運搬する機械装置で，次のような種類がある（図**6·6**）．

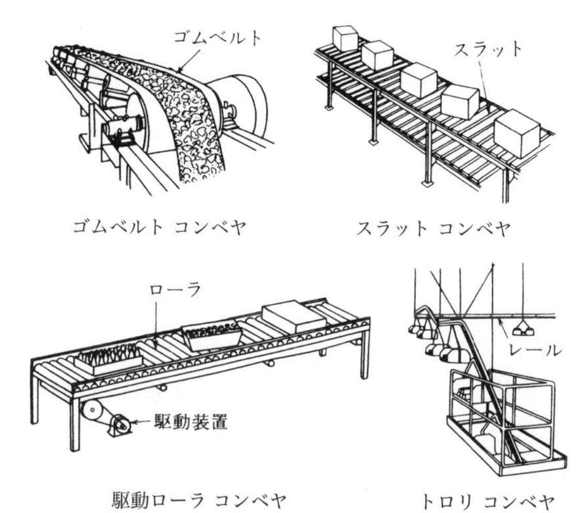

図6·6 コンベヤ

（a） **ベルト コンベヤ**（belt conveyor） ゴム，布，金網，鋼板などでつくった幅広い無端状のベルトを，コンベヤの両端にあるベルト車にかけて回転させ，品物をベルト上にのせて運搬する．運搬が円滑で静かに行うことができるので，原料や雑貨の運搬から流れ作業における製品の組立て，検査，選択などに至るまで，広い範囲に利用されている．

（b） **チェーン コンベヤ**（chain conveyor） チェーン（鎖）を用いて品物を運搬するコンベヤで，品物の支持状態によって各種のものがある．1条または数条のチェーンにスラット（小割り板）を連続的に取り付けたスラット コンベヤ，その両側にエプロン（垂直の壁）あるいは皿形のパンを取り付けたエプロン コンベヤやパン コンベヤ，バケツ状の容器を用いたバケット コンベヤ，天井架設のレール上にトロリを循環させるトロリ コンベヤなどがある．これらは主として横方向に移動するコンベヤであるが，チェーンにバケット，アーム，トレー（皿）などを付けて縦方向に移動する垂直コンベヤもある．

（c） **ローラ コンベヤ**（roller conveyor） ローラを数多く平行に並べて，これに台わくを取り付けたコンベヤで，ローラを駆動しないで品物の自重を利用して運搬するフリー ローラ コンベヤと，ローラを動力を用いて駆動して運搬する駆動ローラ コンベヤとがある．

（d） **その他** 振動を与えて荷を運搬する振動コンベヤ，流体や空気を媒体として荷を運搬する流体コンベヤ，空気コンベヤ，空気膜によって摩擦を少なくする空気フィルム コンベヤなどがある．

（3） エレベータおよびホイスト

荷物を垂直方向へ移動するとき用いる機械装置で，エレベータおよびホイストがある．

（a） **エレベータ**（elevator） ロープの巻き上げや巻き下げによって動かすロープ式（0.5～4トン）と，油圧によって直接あるいは間接に動かす油圧式（1～6トン）とがある．また，特殊エレベータとして，部品などの小物類を運搬するダムウェータ（dumbwaiter）（150 kg），運搬の操作を完全自動化したシャトル エレベータ（shuttle elevator）などがある．

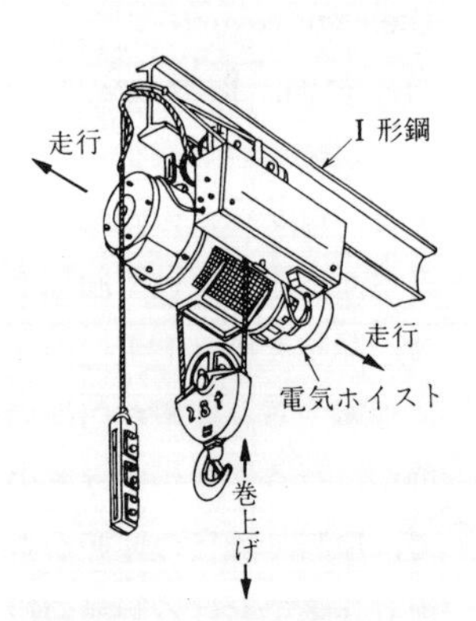

図6·7 ホイスト式天井クレーン

（b） **ホイスト**（hoist） 動力の種別によって，手動のハンド ホイスト，圧縮空気を原動力とする空気ホイストおよび最も一般に用いられている電動機に減速歯車装置を一体にまとめた比較的小容量（0.1～10トン）の巻き上げ機械で，これを，天井付近に設けたI形鋼のレールに沿って水平方向にも移動できるようにしたものをホイスト式天井クレーン（図**6·7**）という．このほかに，電気ホイストを簡単にしたウインチ（winch），ワイヤロープの代わりにチェーンを用いたチェーン ブロック（chain block）などがある．

（c） **シュート**（shoot） 高低の落差がある場合，荷物を，自重を利用し滑り落として移動させるもので，主として倉庫などで袋物の取り下ろしに用いられる（図**6·8**）．傾斜が強すぎると荷を傷めやすい．傾斜のゆるやかな所ではローラ コンベヤを併用する．

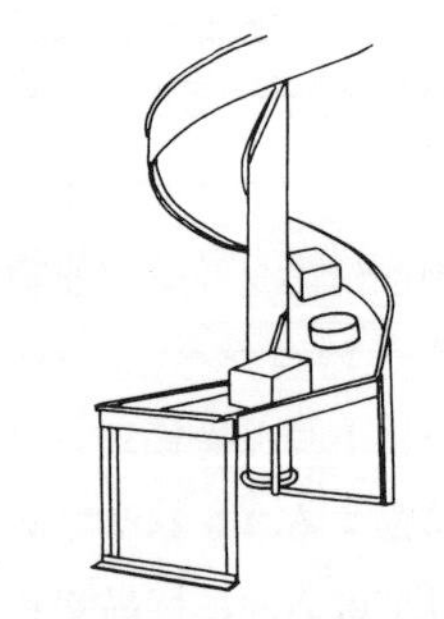

図6·8 シュート（スパイラル シュート）

(4) 産業車両

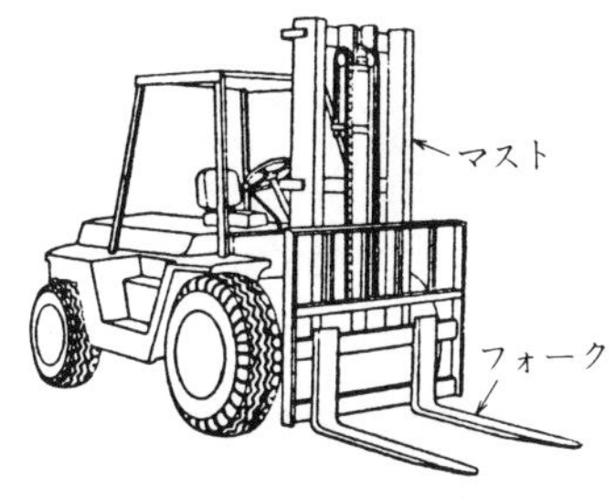

図 6·9 フォークリフト トラック

工場や倉庫などで運搬に用いられる車両を**産業車両**といい，動力式と手動式とがある．

(a) 動力式産業車両 車両を動かす動力には内燃機関または蓄電池が用いられる．代表的なものをあげると，次のとおりである．

(i) フォークリフト トラック（forklift truck） 個別生産において運搬の主力をなすものは，フォークリフト トラックと荷台として用いられるパレットである．

フォークリフト トラックは単にフォークリフトともよび，図 **6·9** に示すように，車体の前方に取り付けたマストに沿って 2 本のフォークが油圧装置によって昇降する構造の小形トラックで，荷物をのせたパレットにフォークをさし込んで，上げ下げや運搬を行う．

カウンタバランス フォークリフト（counter-balanced forklift）は，前方のフォークに積載する荷物の重さと釣合いを保つため，車体後方に重りを設けたもので，最も一般に用いられる．そのほか，長尺物の運搬に用いられるサイド フォークリフト（side forklift），マストが前後に移動できるリーチ フォークリフト（reach forklift）などがあり，積載荷重は 0.5 から 25 トンのものまである．

(ii) 運搬車 荷物をのせた数台の車両を動力付きの原動力でけん引するもので，この場合，原動車をトラクタ（tractor），けん引される車をトレーラ（trailer）と呼んでいる．

(b) 手動式産業車両 荷台に車輪をつけた手押し車，手動操作で生ずる油圧を利用し，荷をもち上げて運べるハンド リフト トラック（hand lift truck）などがある．これらは，主として人力により，構内，屋内などの平らな路面上で荷物の運搬に用いられる．

(5) 付属品

(a) パレットおよびスキッド 図 **6·10** に示す**パレット**（pallet）は，フォークリフトで荷物を運搬するときに用いられる平形の荷台で，表面と裏面との間にフォークを挿入できるすきまをもち，これにフォークをさし込んで運搬を行う．パレットを片面だけとして簡単にしたものをスキッ

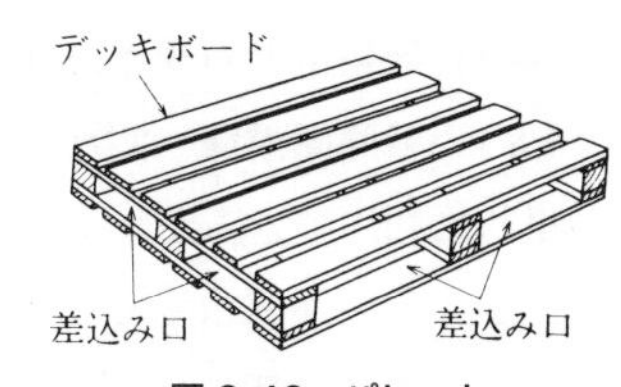

図 6·10 パレット

ド（skid）という．

（**b**）　**コンテナ**（container）　金属製の大形容器をいい，これに小物，雑貨などの荷を積み込んで運搬する．包装や荷造りの必要がなく，荷の積み下ろしや積みかえも簡単で，繰り返し使用することができる．コンテナ専用のトラック，列車，船などによる輸送を**コンテナ輸送**という．品物の取扱いが便利になるよう，ある一定の単位（ユニット）にまとめたものを**ユニット ロード**（unit load）といい，ユニット ロードにより物流活動全体が合理的に行われるシステムを**ユニット ロード システム**という．

6·5 倉庫管理

1. 倉庫管理とは

倉庫は資材を受け入れて一定の場所に保管し，必要に応じて払出しをする建造物である．**JIS Z 8141** では，**倉庫管理**（warehousing management）を「資材計画のもとで入手された資材，ならびに生産計画に基づいて生産された中間品および製品の，入庫，保管，引当，出庫の一連の業務を効率的に行うための管理業務」と定義している．したがって倉庫管理にあたっては，現品の紛失や損傷を防止するとともに，帳簿を作成して，常に在庫量を明らかにし，生産現場の要求に応じて迅速に払出しができるように，整理，整頓をしておく必要がある．

2. 倉庫の建物と設備

（1）　倉庫の建物

倉庫の建物は，保管資材の種類，品質，形状，数量，生産方式などによって，構造や大きさを異にする．倉庫の形式を大別すると，次の3種に分けられる．

（**a**）　**平屋倉庫**　単層の平屋建てである．地面さえあれば，必要に応じて空間を広くとることができ，その割に建設費用が安く，品物の出し入れが速い．ただし，土地の有効利用という点では他の形式に劣る．

（**b**）　**多層階倉庫**　2階以上の床をもち，各床は平屋建てと同じである．地面を効果的に利用できるが，上方の階を支えるのに柱が太く数が多くなり，運搬に上下移動が入るのが問題である．

（**c**）　**立体倉庫**　建屋の柱を骨格として格子状の保管棚（**ラック**）を高く構築

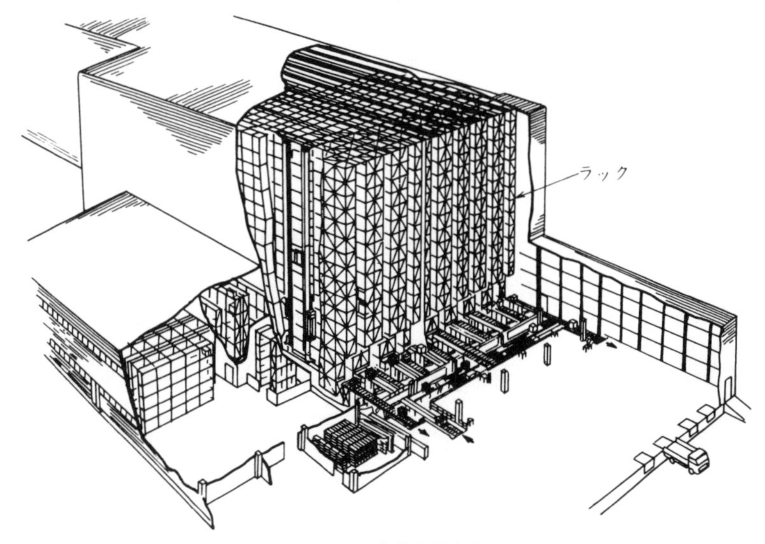

図 6·11 立体自動倉庫

し，これに屋根と外壁を取り付けて倉庫としたもので，高さ 40 m 程度のものまで建造されている．立体倉庫は次のような利点がある．

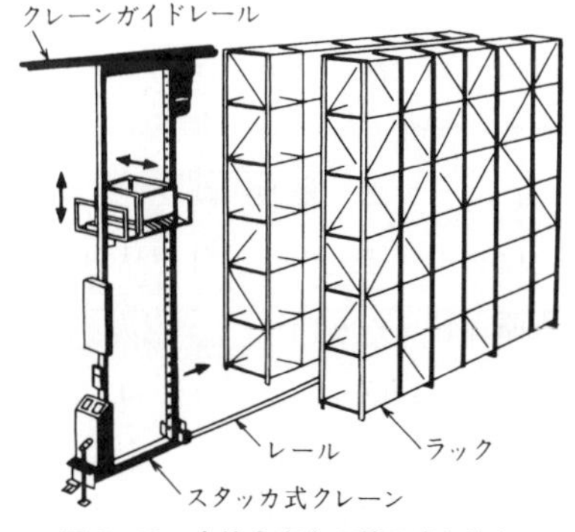

図 6·12 立体倉庫内の荷の出し入れ

① 土地を有効に利用できる．

② スタッカ式クレーンの使用により通路を狭くできるので空間効率がよく，高積みのラックも荷の出し入れが容易である．

③ 格納位置を座標で示せるので，コンピュータの使用により迅速な荷の出し入れができる．

したがって，立体倉庫の建物は，工場の自動化に伴い倉庫の自動化をはかった**自動倉庫**に用いられる．自動倉庫は，スタッカ式クレーン，無人フォークリフト，無人搬送台車などを立体倉庫内に設け，ラック上に収納した工作物や工具などの区分けや搬送をコンピュータの指令により自動的に行う倉庫である．このような自動化した立体倉庫を**立体自動倉庫**という（図 **6·11**，図 **6·12**）．

自動倉庫システム（automatic warehouse system）は，材料，部品，中間仕

掛品，製品などを必要に応じて自動で入出庫・格納するとともに，品目の種類または在庫量の情報を収集・管理する機能（自動入出庫管理システム：ASRS, Automated Storage/Retrieval System）をもつ倉庫システムである.

（2） 倉庫の設備

運搬設備としては，資材の種類，大きさ，重さなどに応じて，天井クレーン，スタッカ式クレーン，モノレール，エレベータ，コンベヤ，ホイストなどが設置される.

付属設備として一般には，保管棚，台，箱，ラック，はしご，タンク，計量設備，切断設備などのほか，どこにでも移動して運搬のできるフォークリフト トラックなどを備える.

倉庫内は一般に採光や通風が不充分なため，適当な照明や換気装置を設け，温度や湿度の変化をきらう場合は，空気調和設備を備える．また，火災に対しては消防消火の設備を設け，盗難には充分に防護できる施設としておく必要がある.

（3） 管理の手続き

倉庫内における基本的な仕事は，資材の入庫から始まり保管，出庫に至る現品の取扱いおよび記録で，その間に行われる棚卸しがある．その管理の手続きは次のとおりである.

（a） 入庫　検収の終えた納入現品は，検査ずみの印のある納品書とともに，また検査を終えた内作品は現品票とともに倉庫に運ばれ，在庫品台帳に記録したのち**入庫**保管される.

なお，**検収**とは，購入材料や外注品の受入れに際して，品質，形状，数量などの検査を行い，合否の判定，不適合品の返却などを行うとともに，現品を収納し，納品書の捺印などの伝票処理により，受領承認の事務手続きを行うことで，検収係は通常独立の部門とするのが望ましい.

また，現品にそえて提出される納品書は，検収，入庫，請求などの事務処理に利用される.

（b） 保管　入庫の現品はよく整理して**保管**する．現品の出し入れ，数量の検査を容易にするため，在庫品の分類，記号化，色彩化，保管場所の区分と記号化などを行う．これらの手続きはコンピュータの導入により迅速に処理することができる.

（c） 出庫　倉庫より資材を**出庫**するときは，出庫票を用いて出庫手続きが行われる．一般に出庫票は2～3部が発行され，1部は現品票として現品に付けて要求元に返し，他は会計処理用として経理部門へ送り，あるいは記帳の資料として倉庫に保管する．

出庫品の運搬は倉庫の運搬係によるが，要求元からの出庫要求に対しては，確実な配達が行われなければならない．あらかじめ配達の経路や時間を定めて運行する制度を採用すれば，配達のほか出庫要求の受付けなども行うことができる．

（d） **棚卸し** 材料，仕掛品，製品などの在庫品について，種類，数量，品質などを調査し，その価額を評価して帳簿などと照し合わせることを**棚卸し**といい，その目的は，① 在庫品の受け払いや保管が適正であるか，② 過剰品，死蔵品，不適合品はないか，③ 帳簿価格と現品の評価価格とに差額はないか，などを調べることである．もし，帳簿と現品に差があれば，その原因を調査して修正し，帳簿が実際の残高の価値を示すような手続きが行われる．

棚卸しの進め方には，定期的にいっせいに行われる定期棚卸しと，毎日または一定期日ごとに少しずつ行って順次に全品目を調査する循環棚卸しとがある．

6章 演習問題

6·1 ある品物の1日の需要量を1年間の出庫データによって調べると，平均250個で，標準偏差25の正規分布をしている．調達期間は7日間かかり，在庫切れの発生する確率が5%のときの発注点を求めよ．

6·2 ある品物の単価が400円で年間推定需要量が20000個，1回当たりの調達費用が6000円，年間の在庫保管費率が25%，安全在庫量が600個のとき，① 最適発注量，② 平均在庫量，③ 発注回数を求めよ．

6·3 定期発注方式において，次のような条件での再発注量はいくらになるか．

調達期間＝1か月，発注間隔＝2か月，注文残＝650個，

在庫量＝50個，安全在庫量＝100個，実績需要数量＝毎月500個

7

設備と工具の管理

7·1 設備管理

1. 設備管理とは

生産工場における**設備***の**ライフサイクル**（全生涯：life cycle）を考えてみれば，概念（企画）および定義，設計および開発，製造または建設，据付けおよび試運転，運用および保全，寿命中間時期のアップグレード（性能・品質特性向上実施）または寿命延長化の実施，運用停止および廃却の過程を経る．このような設備の調査，計画から廃棄に至る全生涯を有効に活用して，企業の生産性を高め，収益を向上させる管理の活動を設備管理という．**JIS Z 8141**では，**設備管理**を「設備ライフサイクルにおいて，設備を効率的に活用するための管理」と定義している．

設備管理の目的は，生産に最も適する設備を設置し，その設備のもつ性能が最高の状態を保つようにすることである．さらには，設備の活動に伴って発生する公害や災害の防止にも配慮しなければならない．また近年は生産技術の進歩が急速で，機械設備の陳腐化を早めているので，設備の保全に努めるとともに，適切な時期を選んで設備の更新を行い，近代化をはかる必要がある．

設備などのアイテムが，要求されたときに，その要求どおりに遂行するための能力は，**ディペンダビリティ**または**総合信頼性**（dependability）という．ディペンダビリティすなわち総合信頼性は，アベイラビリティ，信頼性，回復性，保全性お

---

* **設備**　ある使用目的のために備えつける物的な手段である．工場関係では，① 土地，建物および基礎，② 建物の付帯設備として，空気調和，暖・冷房，照明，動力，蒸気，ガス，圧縮機，上・下水道，浄化槽，公害防止などの諸設備，③ 生産設備として，機械，装置，治工具類，計測機器類，その他の補助設備器具類，④ 運搬・輸送機械，⑤ 事務用機械などがある．ここでは，主として機械設備を中心として述べた．なお，土地は整地や清掃手入れなどの管理上の必要から設備の分野に入れている．

よび保全支援性能が含まれる包括的な用語である．

アベイラビリティ（availability）とは，要求どおりに遂行できる状態にあるアイテム能力であり，遂行できる状態には，動作状態，アイドル状態，スタンバイ状態などがある．アベイラビリティの用語として，可用性，可動率，稼働率も用いられる．

2. 設備計画

機械設備は，製品の品質，価格あるいは生産の方法，能力，時間など生産の工程や管理面との関係がきわめて深く，その適・不適は生産能力に大きな影響を及ぼす．したがって設備計画は，工場計画や生産計画と密接な関係があり，工場全体の計画の一環として考えることが必要である．設備計画には，投資，開発・設計，配置，更新，補充についての検討，調達仕様の決定などが含まれる．

設備計画の手順は，生産計画で決定された生産方式に基づき，① 生産設備の選定，② 必要台数の決定，③ 配置計画，④ 予算化などとなる．

3. 設備の新設と更新

（1） 設備の新設

設備を選定するには技術的側面および経済的側面から検討する必要がある．

（a） 技術的側面　この場合，① 製品が必要とする品質と精度，② 機械の生産性や保全の難易，③ 短期・長期における製品の予測需要量などを検討する．

（b） 経済的側面　新設の設備で操業した場合の投資金額に対する利益と経費を比較検討する．

（2） 設備の更新

現有の設備を新しい設備に改めることを**設備更新**という．設備は手入れや修繕が充分に行われても，年とともにしだいに老朽化し，新設当時の性能を長く保たせることはできない．また，技術の進歩によって高性能の新しい設備が現われると，現有の設備は旧式となって，生産性の点で不利となる．すなわち，老朽化と旧式化の二つの要求から設備更新が必要となる．

設備更新を経済的に判定するには，次のような方法がある．

（a） 資金回収期間法　投資によって得られる利益から資金回収のできる年数が，最も少なくてすむ設備を選ぶ方法である．

（b） 原価比較法　新・旧各設備で生産を行った場合，必要とする各原価を採算的に比較する方法である．

（c） **投資利益率法** 新・旧各設備の投資額に対する年間の利益率を求めて，これらを比較する方法である．

4. 設備の保全

（1） 設備保全とは

保全とは，システム，機器，装置，部品などが，常に使用や運用できる正常な状態を保ち，あるいは故障や欠点などがあるときは，ただちに回復するために行うすべての処置や活動をいい，**保守**または**整備**などとも呼ばれている．JIS Z 8141 では，保全を「故障の排除および設備を正常・良好な状態に保つ活動の総称」とし，これには，計画，点検，検査，調整，修理，取替えなどが含まれる．

保全活動を分類すると，図7·1のようになる．保全活動は，維持活動と改善活動で構成される．保全活動における維持活動は，予防保全と事後保全に分けられる．さらに，予防保全は定期保全と予知保全に区分される．保全活動における改善活動は，改良保全と保全予防の2つの側面がある．

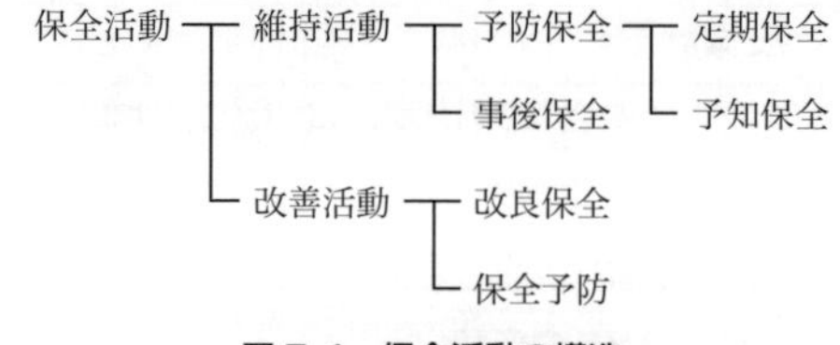

図7·1 保全活動の構造

設備保全の活動は，単に設備の性能を保つために必要なばかりでなく，生産向上をめざす生産保全の活動と深いつながりがある．**生産保全**（productive maintenance：Prd. M）とは，生産目的に合致した保全を経営的視点から実施する，設備の性能を最大に発揮させるための最も経済的な保全方式を意味している．生産保全の目的は，設備の計画，設計・製作から運用・保全を経て廃棄，再利用に至る過程で発生するライフサイクルコストを最小にすることによって経営に貢献することにある．保全に関する活動を分類すると，次のとおりである．

（a） **保全予防**（maintenance prevention：MP） 保全予防は，設備，系（システム），ユニット，アッセンブリ（構造物），部品などについて，計画・設計段階から過去の保全実績または情報を用いて不良および故障に関する事項を予知・予測し，これらを排除するための対策を織り込む活動である．

（b） **日常保全**（daily maintenance：DM） 日常保全は，設備の性能劣化を防止する機能を担った日常的な活動である．図7·2は日常保全のチェック シートの

班名		機番		日常保全チェック シート		チェック心得	
代表者名		期		月		作業者	毎日確実に実施し，異常の早期発見につとめること．
チェック記号	○	良好（使用可）	×	異常（要注意）		作業長	実施状況．チェック状況の点検，異常箇所の確認を行ない，その判定によって修理要求を行うこと．
	×	要修理（修理依頼）	△	緊急要修理		DM 担当	運転，不調状態を点検して処置をとること．

時期	No.	チェック項目	1	2	3	4	5	6	7		25	26	27	28	29	30	31
作業期	1	各部の摺動面，歯，輪に十分注油したか．															
	2	給油装置，給油状態はよいか，油は汚れてないか．															
	3	摺動面に新しい損傷はないか．															
終業期	4	各部の切粉の清掃をしたか，ワイパはよいか．															
	5	機体のじんあいや油の汚れをふいたか．															
定時期	6	バランス，ウェイト関係はよいか．															
	7	主軸（または砥石）に振れ・ガタはないか．															
	8	各部歯車箱に異常・騒音・振動はないか．															
	9	クラッチおよび起動停止の機能はよいか．															
	10	クランプの機能はよいか．															
	11	油圧装置はよいか，各種ポンプの作動はよいか．															
	12	漏洩箇所はないか（特に著しいもの）．															
	13	電装品関係は正常な動きをしているか．															
	14	安全装置は確実に作動しているか．															
	15	工作精度は無理なく公差内に入っているか．															
巡回点検		作業長のチェック　毎週 1 回巡回チェック															
		DM 担当者のチェック　毎月 1 回巡回チェック															
		整備課チェック　毎月 1 回巡回チェック（DM 担当）															

図 7·2　日常保全チェック シートの例

一例である.

（c） **改良保全**（corrective maintenance：CM） 改良保全は，故障が起こりにくい設備への改善，または性能向上を目的とした保全活動である.

（d） **予防保全**（preventive maintenance：PM） 予防保全は，アイテム（対象物）の劣化の影響を緩和し，かつ，故障の発生確率を低減するために行う活動である.

（e） **事後保全**（brakedown maintenance：BM） 事後保全は，フォールト検出後（設備の不具合を検出した後），アイテムを要求どおりの実行状態に修復させるために行う保全である.

（f） **予知保全**（predictive maintenance：PdM） 予知保全は，設備の劣化傾向を設備診断技術などによって管理し，故障に至る前の最適な時期に最善の対策を行う予防保全の方法で，**状態基準保全**（condition based maintenance）ともいう.

（2） 設備保全の仕事

設備保全のために行う仕事を分類すると，次のとおりである.

（a） 技術関係

① 設備の性能や故障などの分析，改善の研究，更新の検討.

② 検査，整備，修理などの基準や指導票の作成.

③ 図面の管理.

（b） 管理関係

① 保全作業の計画と現場での指示結果の記録や報告.

② 保全関係の予算の編成と統制.

③ 設備関係の外注の管理.

（c） 作業関係

① 日常検査，定期検査，検収などの検査作業.

② 給油，清掃，調整，修理などの整備作業.

③ 修理に必要な部品などの工作作業.

5. 設備管理の資料

設備管理に必要な資料は次のとおりであるが，これらの内容を，コンピュータを利用して記録・保管することもできる.

（1） 設備配置図

工場内における機械設備のすえ付け位置を示す平面図で，配置変更があれば，そ

（表）

財産番号		設置場所		名称		保全番号	

製造会社名	製造番号	製造年月日	購入年月日	据付年月日	図面番号	管理要度
		年 月 日	年 月 日	年 月 日		A B C

納入者		購入価格		据付費用		経歴		
仕様				付属品		据付年月日	据付場所	据付費用

記事	

（裏）

日付	工事区分	修理内容	物品費	労務費	請負費	計

保全番号		設置場所		名称		財産番号	

図 7·3 機械台帳

のつど訂正しておかなければならない．この配置図は，設備管理ばかりでなく，工程管理や運搬管理などの面からも必要である．

また，上・下水道，ガスおよび電気の配管・配線図面も，保全の点からとくに正確に作製しておく必要がある．

（2）　設備の説明書・図面類

設備の購入時の説明書や図面は，点検・修理の際の参考になるので，まとめて保管しておくことが必要である．

（3）　設備台帳

設備を購入したときに，その内容を書きとめておく帳簿で，機械台帳の場合は，機械名，整理番号，性能，製造会社，製造年月日，購入年月日，購入価格，付属品名，すえ付け場所などを記入しておく．これによって，設備の改善や更新などの資料とすることができる．図**7·3**は機械台帳の一例である．

（4）　機械履歴簿

設備を購入してからの使用状況や修理，改造などの経過を示す帳簿で，機械名，整理番号，すえ付け場所，すえ付け年月日，不具合の箇所・日時，修理・改造費，修理前後の機械精度，その他の必要事項を記入する．簡単なものは図**7·3**に示すような機械台帳の裏面を用いて記入する．

7·2　治工具管理

1.　治工具管理とは

（1）　治工具とは

治具（jig，ジグ）と工具の合わせ名で，それぞれの用語のもつ内容は次のとおりである．

（a）　治具　加工作業において，工作物を固定すると同時に切削工具を案内する道を設けたもので，**治具**のうち，とくに工作物を取り付けて固定する目的に用いるものを取付け具という．これによって工作物に対する寸法記入（ケガキ）の必要がなく，作業の単純化によって，作業時間を短縮することができる．また，組立てや溶接作業などにおいて，部品の位置決めや作業を容易にするための目的にも用いられる．

（b）　工具　工作に用いる道具をいい，機械工業を例にとって用途別に分類すると，作業者が直接に手で扱う手工具（ハンマ，スパナ，ドライバなど），加工機械に取り付けて用いる機械工具，寸法の測定に用いる測定器，検査に用いる検査具，鋳造・鍛造・プレス用の金型に用いる型工具などがある．なお，機械工具は，切削工具，研削工具などに分けられる．

（2）治工具管理の目的

治工具管理の目的は，生産計画に基づいて生産に最も適した治工具を計画して標準化し，その必要量を現場の要求に応じて貸出しすることができるように整備・保管し，生産の進行を円滑にすることである．この目的に沿う治工具管理の内容は次のとおりである．

①　特殊治工具の研究と設計および一般治工具の標準化．
②　治工具の必要数量の調査．
③　治工具の製作および調達．
④　治工具の検査，修繕および適切な使用の指導．
⑤　治工具の保管，貸出し，補充などの運営および合理化．
⑥　治工具関係の帳簿の整理および統計．

2.　標準化と整理

（1）治工具の標準化

治工具管理を容易にし，しかも効果を上げるためには，治工具の形状・寸法・材質および部品などの標準化をはかることが大切である．そのために，一般的に使用される治工具はできるだけ統一化し，JIS 規格または市販の標準品に合わせるようにすれば，品質や価格あるいは調達の面でも有利である．

（2）治工具の整理

治工具の保管は，在庫品目の所在がすぐわかるように分類・整理し，帳簿や伝票などに記入しておき，現品と記帳との数量が常に一致するように管理する．

工具は，治具も含めてこれを適当な方法で分類して記号化し，整理棚に番地を付け，区分を明確にして保管する．分類に用いる記号は文字（アルファベット，片かななど）や数字（0～9）などである．なお，これらの記号は，I，O，Q，U はそれぞれ 1，0，2，V などと間違いやすいので，特別のほかは用いない．

工具の整理に必要な帳簿には工具台帳，工具原簿などがある．これらの台帳は工具の名称，整理番号，寸法，材質，機能，価格，受入れ量，払出し量，注文量，廃棄量，現在量などの記録を行うもので，機械台帳に準じてつくる．

(3) 工具の貸出しと返納

(a) **貸出しの種類**　貸出し期間によって分けると，短期貸出しと長期貸出しとがあり，貸出しを受ける者によって分けると，個人貸出し，共同貸出し，責任者貸出しがある．

(b) **貸出し方法**　工具の貸出しや返納には，次のような方法がある．

(i) **チッキ制**　金属または合成樹脂製の札に作業員の氏名または番号を刻印し，この一定枚数を渡しておき，必要に応じてそれと引き換えに1枚1品の割で貸出し，返納のときには，その工具と交換に札を返す方法である．単式チッキ制と複式チッキ制とがある．

単式チッキ制は，チッキ1枚につき工具1品を貸出し，チッキは工具のあった所に掛けるか，貸出し工具盤に掛けて整理する．**複式チッキ制**は，1枚のチッキを工具のあった所に，他の1枚を作業員の名札の所に掛けて整理する．

(ii) **借用票制**　作業員が工具を工具室から借用するとき，工具名，数量，作業場所，作業員名などを記入した借用票を提出する制度で，チッキ制と同様に単式と複式とがある．また，工具を長期貸出しするときは，工具名，作業場所，作業名のほか，貸出予定期間，貸出月日，受入月日などを記入したものを用いる．借用票は作業着手前に工具室に回されて貸出し準備が行われ，作業を開始するときは貸出し書に，作業が終了して返納するときは返納書になる．

以上のうち，借用票制は確実性があり，後日の参考資料として役立たせることができるが，取扱いにやや時間がかかる．なおチッキ制は，貸出し数が多いと不利になるので，工具数の少ない小工場とか，特殊工具などに用いると効果的である．また，両者を取り入れて，短期の貸出しにはチッキ制とし，長期の貸出しには借用票制を用いる方法もある．

3. コンピュータの利用

治工具の整理や貸借手続きなどは，コンピュータによる処理が可能で，データを記憶装置に入力して記録・保管し，治工具管理に役立てることができる．

8

品質管理

8·1 品質管理とその歩み

1. 品質管理とは

企業がつくり出す製品またはサービスの**品質**（quality）とは，その製品やサービスが使用目的を満たしている程度をいい，消費者の使用目的に対する適合性（fitness for use）の程度が品質である．なお **JIS Q 9000：2015**（**ISO 9000：2015**）では，品質を「対象に本来備わっている特性の集まりが，要求事項を満たす程度」と定義している．

この消費者の要求に合った品質を目標に，最も経済的に製品としてつくり出す活動が**品質管理**（quality control：**QC**）である．

2. 品質管理の歩み

工業生産の初期においては，製品を一つ一つ検査して，不適合品を取り除くことを品質管理とよんだ．しかし，製品が精巧になり，多量に生産されると，個別の検査には多くの時間と費用を要する．

この問題を解決するために，工業製品の品質管理に統計的な考え方を取り入れ，製品群の中からその一部を取り出して測定し，製品群全体のできばえの判定を行った．その結果，均一性のある製品を合理的に生産することができるようになった．このような管理方法をとくに**統計的品質管理**（statistical quality control：**SQC**）と呼んでいる．

初期時代の品質管理は，直接生産に従事する部門だけの仕事とされていたが，消費者に対して満足のできる品質の製品を，より安くより早く供給して，品質管理の効果をいっそう高めるには，製造部門以外の各部門を含めて企業全体にわたり，経営者をはじめ管理者から作業者に至る全員の参加と協力が必要となる．このような品質管理の活動を**総合的品質管理**（total quality control：TQC）と呼ばれていたが，QCの再構築，経営・管理の重視，国際化したよび名に順応などの理由から，TQCの略称をTQM（total quality management）としCをMに改めている．

8・2 品質特性値とばらつき

1. 品質特性値とは

一般に品質が良いということは，その製品が，性能が良くて使いやすく，寿命が長く安定性があり，外観や体裁が良く，保守が容易であることなどが必要である．

たとえば万年筆の場合は，インクの出方，ペン先の太さや硬さ，握りやすさ，外観などによってどういう品質であるかがわかる．

このように，品質の価値を定めるときにとり上げられる性質や性能を**品質特性**という．品質特性を測定して数値で表したものを**品質特性値**といい，略して**特性値**あるいは**測定値**などとも呼んでいる．製品の評価や品質の管理を行うときは，その製品のもつ数多くの品質特性のうち，使用目的などを考えた重要なものを選び出して測定し判定される．

2. 品質特性値のばらつき

ある品質特性値を目標にして実際に生産を開始した場合，でき上がってくる製品の性能や形状には必ず不ぞろいが生じ，まったく同じようにつくるということはむずかしい．この不ぞろいのことを**ばらつき**といい，ばらつきの生ずる原因は，製品の製造が常に原材料，設備，作業者などの種々の要因によって影響を受けるためである．

ばらつきの範囲は，目標とする品質に対して小さい方がよいが，小さくするほど費用がかかり，また，ばらつきを極端に小さくして品質を高くしても，必ずしもそれに応じて市場価値が上がるとは限らない．したがって，製品の製造者は，技術的，経済的な面を考えてばらつきの範囲を決めなければならない．企業においては，この品質のばらつきの範囲を**規格限界**または**仕様限界**として定めている．

8·3 データのまとめ方

1. データと統計的方法

(1) データとは

データとは，資料，情報あるいは測定値などを意味している．たとえば，表**8·1**(**a**)は数値の集まりを示しているが，これらが品質管理のために，ある品物の寸法または重量などを測定した品質特性値を示すものであれば，これらの数値群はデータとして扱われる．

表8·1 データとその整理

(a) データの例

57	18	27	46	61
64	66	62	63	48
54	51	82	71	33
45	57	52	45	53
34	42	61	52	58
43	74	65	58	47
49	49	55	69	28
78	56	69	36	67
21	76	14	56	57
66	53	35	43	62

(b) データの区分け

組	度数のマーク	度数
0 ～ 9		0
10 ～ 19	//	2
20 ～ 29	///	3
30 ～ 39	////	4
40 ～ 49	卌 卌	10
50 ～ 59	卌 卌 ////	14
60 ～ 69	卌 卌 //	12
70 ～ 79	////	4
80 ～ 89	/	1
90 ～ 99		0
計		50

品質管理の仕事を効果的に進めるには，これらの品質特性を表すデータを必要とし，これらのデータを解析して比較，検討，判断を行って処置をとることになる．この場合，データを集め，これをまとめて正しい判断を行う際に必要な手法として，次に示す統計的方法が利用される．

(2) 統計的方法とは

表**8·1**(**a**)のようなデータがあるとき，この数値の集まりがどのような性質をもっているかを一通り見ただけで調べてみても，せいぜい最大値が82で，最小値が14程度のことしかわからない．

同表(**b**)に示すように，表(**a**)の数値を10ごとに区切って，その各組に入る数値の数（これを**度数**という）を斜線マークの記入によって整理すると，その数値は10台から80台の間にあり，データのあり方が50台を頂点として山の形をしていることがわかる．

このようにデータをとって，そのデータがどのような特徴を示しているかを知ろうとするのが統計であり，この統計の考え方をもとにして，データをどのように整理し，それをどんな図式や数式によって表すのか，また，それをどのようにして読み取るのかなどの解答を求める手法が**統計的方法**である．

2. 母集団とサンプル

データを集めて調べるとき，その調査・研究の対象となる材料，部品や製品などの特性をもつ工程やロットなどのすべての集まりを**母集団**という．

この母集団から，その特性を調べる目的で抜き取るデータを**サンプル**（sample）あるいは**試料**，**標本**などと呼ぶ．母集団とサンプルの関係は図**8･1**のように図示される．

たとえばある条件のもとに生産された5000個の電球があるとき，この中から品質特性を調べるため100個を抜き取った場合，5000個の電球の集まりは母集団であり，5000個を**母集団の大きさ**という．また，データとして抜き取られた100個の電球の集まりはサンプルであり，100個を**サンプルの大きさ**という．

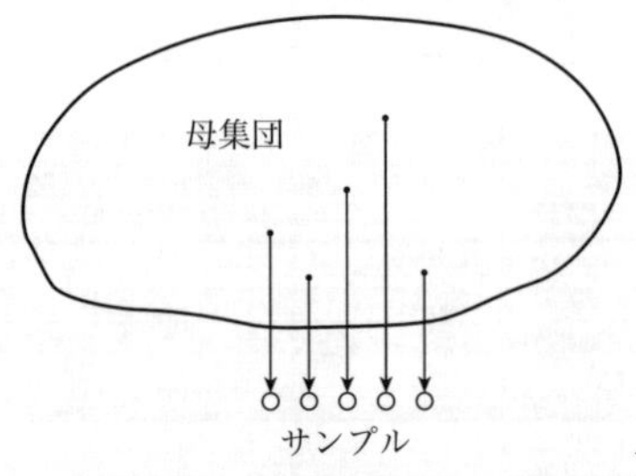

図8･1 母集団とサンプル

製品，部品，原材料などの母集団からサンプルを抜き取ってデータを集めることを**サンプリング**（sampling），**抜き取り**，**試料採取**などという．サンプリングは母集団の特性を正しく代表するように行うことが必要で，その基本的な手法として**ランダム サンプリング**（random sampling）がある．**ランダム**とは無作為ともいい，一定の規則や人の意思・感情あるいはくせなどの入らないで偶然にまかせることをいう．

ランダム サンプリングを行うには，母集団のどの部分も同じ確率で公平に抜き取られるようにすることで，たとえば，ナットのような小物部品の場合では，容器に入れて充分にかきまぜてから，必要な数だけサンプリングを行えばよい．一般には，0から9までの数字を，それぞれ同じ確率で現われるように並べた乱数表や乱数サイコロなどを利用して，番号をつけた品物から乱数が示す数字の品物のサンプリングを行う．

3. まとめ方の基本

集めたデータをまとめるための統計的方法には，次のように図式化して求める方法と，数式化して求める方法とがある．

(1) データの図式化

(a) 特性要因図 製品の品質特性がどの要因（重要な原因）によって影響されるか，その関係を一目でわかるように書き表した図を**特性要因図**と呼んでいる．図 **8·2** に示すように，その形が魚の骨に似ているところから，**魚の骨**とも呼ばれている．

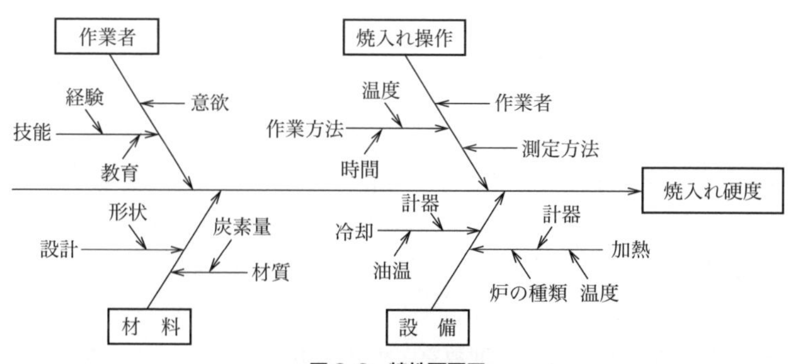

図 8·2 特性要因図

特性要因図は，問題点を整理したり原因を考えて改善したりするとき，ブレーンストーミングなどの実施により，多くの人たちの意見を1枚の図の中に整理して表すことができる．

(b) パレート図 ある多数の集団を，それぞれ特徴のある部分に分けたとき，その分けた部分集団を**層**という．たとえば，ある製品をつくるとき，その原料をA，B，Cの各社が納入したとすれば，A社の製品群，B社の製品群，C社の製品群はそれぞれ“層をなす”という．工程に関しては，原材料のほか機械別，作業者別，時間別などを特徴として層をつくることができる．これらの特徴を異にするいくつかの集団が混ざり合っている場合，その中から同じ特徴を表す層に分けることを**層別**という．

工場で発生する製品の不適合や欠点，機械の故障，災害の内容，在庫品の用途などを，その内容や発生原因別に層別し，これを図**8･3**に示すように件数や金額別の大きさの順に並べて棒グラフを描き，さらに順を追ってこれらを加えた値を折れ線グラフとして描いたものが**パレート図**である．また，この図の中で，とくに折れ線の部分を**パレート曲線**という．このパレート図によって，次のようなことを知ることができる．

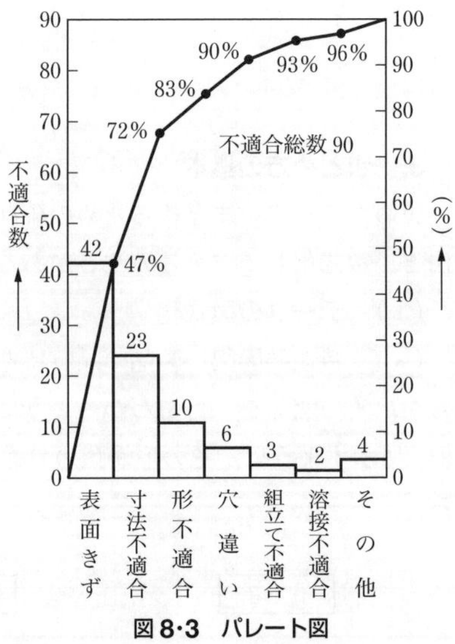

図 8･3　パレート図

① 不適合や誤りが全体としてどのくらいあるか．

② どの不適合が一番大きく，どのような順序になっているか．

③ どれとどの不適合を減らせば，全体として不適合の割合を少なくすることができるか．

これにより，改善改良の重点を正しく判断して，能率的な重点管理を行うことができる．

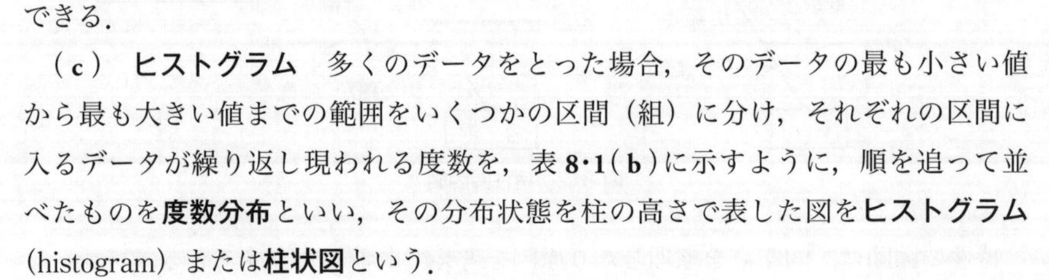

（c）　ヒストグラム　多くのデータをとった場合，そのデータの最も小さい値から最も大きい値までの範囲をいくつかの区間（組）に分け，それぞれの区間に入るデータが繰り返し現われる度数を，表**8･1**(**b**)に示すように，順を追って並べたものを**度数分布**といい，その分布状態を柱の高さで表した図を**ヒストグラム**(histogram) または**柱状図**という．

いま，表**8･2**のような100個の測定値が得られたものとして，ヒストグラムをつくる順序を示すと，次のとおりである．

① 組（区間）の数は，一般的には測定値の数の平方根を目安とし，5～20ぐらいにとる．すなわち，測定値は100であるから，$\sqrt{100}=10$で，組の数は10とする．

② 組の幅は，データの中の最大値と最小値の差を，組の数で割った近似値とする．すなわち，最大値，最小値がそれぞれ2.38，2.12であるから，$(2.38-2.12)\div 10=0.026$であるが，各測定値の最小値が0.01なので，0.026を四捨五入して0.03とする．

③ 組の境界の値は，データの単位の1/2，すなわち$0.01\times 1/2=0.005$を用

表 8·2　組分けした測定値

群番号 / サンプル番号	1	2	3	4	5	6	7	8	9	10
1	2.13	○2.19	2.18	△2.17	2.20	△2.19	2.23	△2.21	2.24	2.31
2	△2.12	△2.13	2.19	2.18	2.21	2.23	2.22	2.24	2.27	2.33
3	2.14	2.17	△2.17	2.21	2.20	2.22	○2.25	2.24	2.26	2.29
4	2.13	2.14	2.18	2.20	△2.19	2.19	2.25	2.25	△2.23	2.30
5	2.15	2.15	2.20	2.19	2.22	2.23	2.24	2.22	2.27	2.28
6	2.17	2.17	○2.22	○2.22	○2.23	○2.25	2.25	2.26	○2.29	△2.26
7	2.15	2.16	2.18	2.21	2.22	2.22	△2.20	2.23	2.26	2.37
8	○2.20	2.17	2.20	2.20	2.20	2.24	2.24	2.27	2.29	○2.38
9	2.18	2.16	2.21	2.20	2.23	2.22	2.22	○2.28	2.28	2.30
10	2.19	2.17	2.22	2.22	2.21	2.24	2.23	2.26	2.27	2.32
最大値	2.20	2.19	2.22	2.22	2.23	2.25	2.25	2.28	2.29	◎2.38
最小値	◬2.12	2.13	2.17	2.17	2.19	2.19	2.20	2.21	2.23	2.26

いる.

④　第 1 組の区間は，組の幅が 0.03 で，組の中心が 2.12 であるから，その上下に ±0.015 をとって 2.105 ～ 2.135 となる．以下同様にして，第 10 組までを区分し，各区間に入るデータの度数を度数マーク（卌）の記入によって調べると，表 **8·3** のような度数分布表ができる．

表 8·3　度数分布表

No.	組（区間）	組の中心	度数マーク	度数
1	2.105 ～ 2.135	2.120	////	4
2	2.135 ～ 2.165	2.150	卌 //	7
3	2.165 ～ 2.195	2.180	卌 卌 卌 ////	19
4	2.195 ～ 2.225	2.210	卌 卌 卌 卌 卌 ///	28
5	2.225 ～ 2.255	2.240	卌 卌 卌 卌	20
6	2.255 ～ 2.285	2.270	卌 卌 //	12
7	2.285 ～ 2.315	2.300	卌 /	6
8	2.315 ～ 2.345	2.330	//	2
9	2.345 ～ 2.375	2.360	/	1
10	2.375 ～ 2.405	2.390	/	1
	合計			100

⑤　表 **8·3** に示すデータから横軸に各区間をとり，縦軸に度数をとって**ヒストグラム**をつくると，図 **8·4** に示すとおりになる．

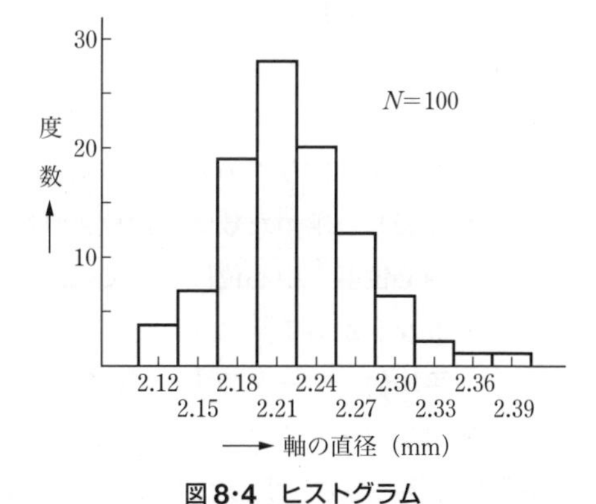

図 8·4　ヒストグラム

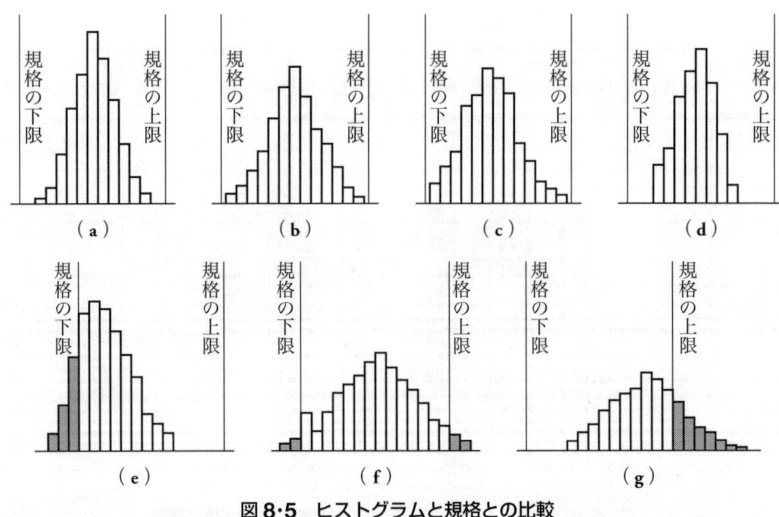

図 8·5 ヒストグラムと規格との比較

ヒストグラムに規格値を記入して比較すると，図 **8·5** に示すように，製造工程の実力や規格値の適否などを調べることができる．図において，(**a**)～(**d**)は規格を満足する場合，(**e**)～(**g**)は満足しない場合の例で，(**a**)が最も好ましい状態を示している．(**b**)，(**c**)は，もう少し工程能力を向上させる必要があり，(**d**)は規格の幅を狭くして品質の向上をはかるか，規格に合わせて管理の程度を多少ゆるめてコストの引下げを考える．(**e**)は平均値を規格の中心に近づける必要があり，(**f**)は，ばらつきが大きいので，工程を改善するか規格をゆるめる．(**g**)は工程能力を全面的に改善する必要がある．

(2) データの数式化

図 **8·5** に示すように，ヒストグラムの各分布状態を比較するには，その中心位置とばらつきの幅の二つの特徴を見ればよい．すなわち，各集団が同じ特性をもっているかどうかを知りたいときは，抜き取ったデータを，中心位置とばらつきとに数式化して表し，求めた数値を比較すればよいことになる．

(**a**) **中心位置** 中心位置としては，一般に用いられる平均値のほかに，メジアン，モードなどがある．

(**i**) **平均値** データのすべての和を，そのデータの数で割った値を**平均値**といい，一般に $\overline{x}$（エックス バーと読む）で表す．

5個の品物の重さを測ったところ，18.7 g，20.3 g，19.4 g，18.0 g，19.7 g であっ

たとすると，この5個の品物の重さの平均値は

$$\frac{1}{5}(18.7+20.3+19.4+18.0+19.7)=\frac{96.1}{5}=19.22$$

で求められる．これを記号化して n 個のサンプル x_1，x_2,⋯，x_n があるとき，その平均値は次式のように表せる．

$$\bar{x}=\frac{1}{n}(x_1+x_2+\cdots\cdots+x_n) \qquad (8\cdot1)$$

（ii） **メジアン（中央値）** n 個のデータを大きさの順に並べたとき，n が奇数の場合では，ちょうど中央に当たる一つの値を**メジアン**（median）または**中央値**と呼び，$\tilde{x}$（エックスなみがたまたはメジアン エックスと読む）で表す．n が偶数の場合は中央の二つの値の算術平均を求めればよい．

（i）項の例において，5個の品物の重さの数値を軽い方から順に並べ変えると，18.0，18.7，19.4，19.7，20.3となり，この場合の中央の数値が19.4であるから，$\tilde{x}=19.4$ となる．もし，データの数が，18.0，18.7，19.1，19.7，20.1，20.5のように偶数であるときは，3番目と4番目を平均して，次のように求める．

$$\tilde{x}=(19.1+19.7)\div2=19.4$$

（iii） **モード** データの中で出現する度数の最も多い値を**モード**（mode）または**最頻値**といい，M_0 で表す．

図**8·4**に示すヒストグラムの各代表値は，2.12，2.15，2.18，2.21，2.24，2.27，2.30，2.33，2.36，2.39であるが，この中で最も度数の多い組の代表値は2.21，したがって，$M_0=2.21$ である．

（b） **ばらつきの表し方** ばらつきは**標準偏差**と**範囲**で表される．

（i） **偏差と平方和** サンプルの各測定値と平均値の差，すなわち，$x_i-\bar{x}$（$i=1$，2,⋯）を**偏差**という．

この場合，一群の各偏差をそのまま合計すると，その答は0となってしまう．たとえば，2，5，3，6の四つの数字があるとすると，この平均値は（2＋5＋3＋6）/4＝4であるから，各数字の偏差は，2－4＝－2，5－4＝1，3－4＝－1，6－4＝2で，これら偏差の合計は，－2＋1－1＋2＝0である．合計が0では，その平均値も0となり，0では値として示せない．したがって，各偏差を2乗して，それらの合計を求めることにすれば，次のようになる．

$$S=(x_1-\bar{x})^2+(x_2-\bar{x})^2+\cdots\cdots+(x_n-\bar{x})^2 \qquad (8\cdot2)$$

上式の S を**平方和**または**偏差平方和**と呼ぶ．

（ii） **分散・不偏分散** 平方和Sは，偏差の平方を合計したものであるから，これを元に戻して個々の単位量とするためには，nで割ってやらなければならない．すなわち，S/nを**分散**といい，その記号は，サンプルを扱う場合はs^2（母集団の場合はσ^2）で表す．また，Sを（$n-1$）で割ったものを**不偏分散**といい，その記号は$\boldsymbol{V}$で表される．

（iii） **標準偏差** 分散または不偏分散は2乗の単位なので，この平方根を求めて通常の数値としたものを**標準偏差**といい，記号はsで示す．この値によってデータのばらつきを示すことができる．すなわち，$s=\sqrt{s^2}=\sqrt{S/n}$で求められるが，一般にnの値が小さいときは，Sの値が小さくなる性質をもっているので，その場合は不偏分散を使用して，次の式によって求める．

$$s=\sqrt{V}=\sqrt{\frac{S}{n-1}} \tag{8·3}$$

（iv） **範囲**（**レンジ** range：$\boldsymbol{R}$）一組のデータ内の最大値と最小値との差をいい，次の式で表される．

$$\text{範囲 } R=\text{最大値}-\text{最小値} \tag{8·4}$$

サンプルの測定値が，18.0，18.7，19.1，19.7，20.1，20.5における範囲Rは，最大値が20．5，最小値が18．0であるから，次のとおりになる．

$$R=20.5-18.0=2.5$$

範囲によるばらつきの表し方は，計算が簡単で利用しやすいが，測定値の数が多くなると尺度としての精度が悪くなるので，通常はデータの数が10以下のときに用いる．

〔**例題8·1**〕 5個のデータ（25.1，23.1，24.8，22.1，23.7）から，平均値$\overline{x}$，メジアン$\widetilde{x}$，範囲R，平方和S，不偏分散V，標準偏差sを求める．

① 平均値$\overline{x}$は（**8·1**)式より次のとおりとなる．

$$\overline{x}=\frac{1}{n}(x_1+x_2+\cdots\cdots+x_n)=\frac{1}{5}(25.1+23.1+24.8+22.1+23.7)$$
$$=\frac{118.8}{5}=23.76$$

② メジアン$\widetilde{x}$は測定値の中央値であるから，$\overline{x}$ =23.1である．

③ 範囲Rは（**8·4**)式より次のとおりとなる．

$$R=\text{最大値}-\text{最小値}=25.1-22.1=3.0$$

④ 平方和 S は (**8・2**)式より次のとおりとなる．

$$
\begin{aligned}
S &= (x_1-\overline{x})^2+(x_2-\overline{x})^2+\cdots\cdots+(x_n-\overline{x})^2 \\
&= (25.1-23.76)^2+(23.1-23.76)^2+(24.8-23.76)^2 \\
&\quad +(22.1-23.76)^2+(23.7-23.76)^2 \\
&= 6.072
\end{aligned}
$$

⑤ 不偏分散 V，標準偏差 s は (**8・3**)式より次のとおりとなる．

$$
s=\sqrt{V}=\sqrt{\frac{S}{n-1}}=\sqrt{\frac{6.072}{5-1}}=\sqrt{1.518}=1.232
$$

上式での $\sqrt{V}=\sqrt{1.518}$ より，$V=1.518$ である．

4. 正規分布

図**8・4**に示すヒストグラムにおいて，測定値 x の値をさらに多くとり，各組の幅を小さくし，その数を増やしていくと，ヒストグラムの各柱形頂部の示すつながりは，図**8・6**のような連続した曲線に近づいてくる．この連続曲線を**正規分布曲線**といい，このような分布を**正規分布**と呼んで，次の式で表すことができる．

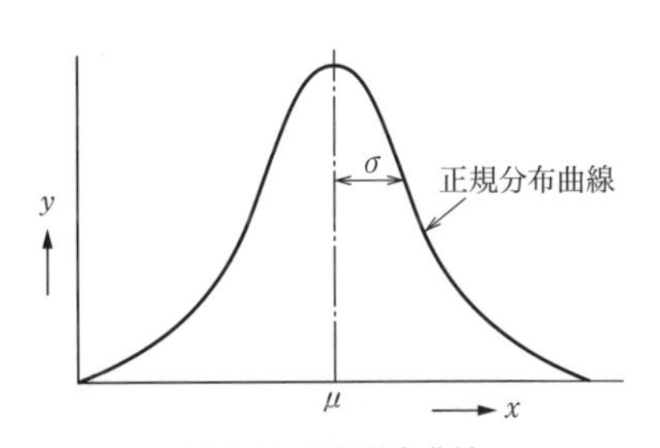

図 8・6 正規分布曲線

$$
y=\frac{1}{\sigma\sqrt{2\pi}}\,\mathrm{e}^{-\frac{1}{2}\left(\frac{x-\mu}{\sigma}\right)^2} \qquad (-\infty<x<\infty) \tag{8・5}
$$

ここに，e は自然対数の底で，e＝2.718，σ（シグマ）は母標準偏差（母は母集団の意），μ（ミュー）は母平均，∞ は無限大を示している．

この式は一見すると複雑のように見えるが，その構成をよく見ると，定数の π と e および測定値の変数 x を除けば，分布の中心を示す μ とばらつきの幅を示す σ の値からなっている．したがって，正規分布の形は μ と σ とによって定まることがわかる．この μ，σ と測定値 x との関係式をつくるため，分布の横軸 x の単位を標準偏差 σ の単位に換え，k を σ の倍数と考えると，次のような式が求められる．

$$
k=\frac{(\text{測定値}-\text{平均値})\text{の絶対値}}{\text{標準偏差}}=\frac{|x-\mu|}{\sigma} \tag{8・6}
$$

(**8・6**)式を，さらに変形すると次式が求められる．

$$x = \mu + k \cdot \sigma \tag{8·7}$$

これらの式によってわかるように，x の位置は分布の中心 μ から σ の k 倍の箇所にあることを表している．

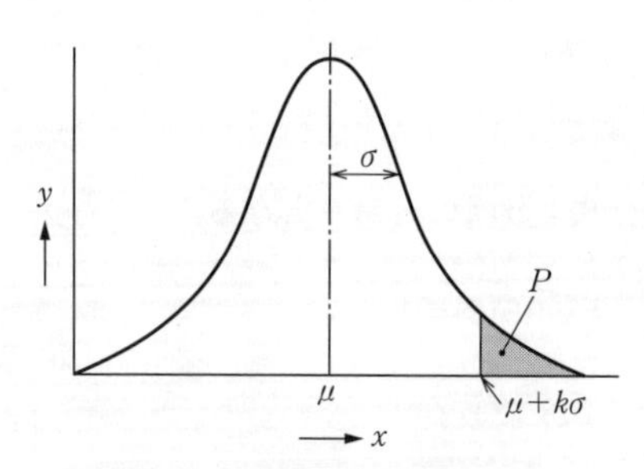

図 8·7　正規分布内の面積の割合

表 8·4　正規分布表

k	P
0.5	0.3085
1.0	0.1587
1.5	0.0668
2.0	0.0228
2.5	0.0062
3.0	0.0013

〔注〕 細かくは **JIS Z 9041-1**（表 **13**：正規分布表）を参照のこと．

以上の関係から，図 **8·7** に示すように，正規分布曲線内において，その曲線と x 座標間との全面積に対する斜線部面積の占める割合 P は，あらかじめ k との関係を算出した正規分布表（表 **8·4**）の数値によって求めることができる．

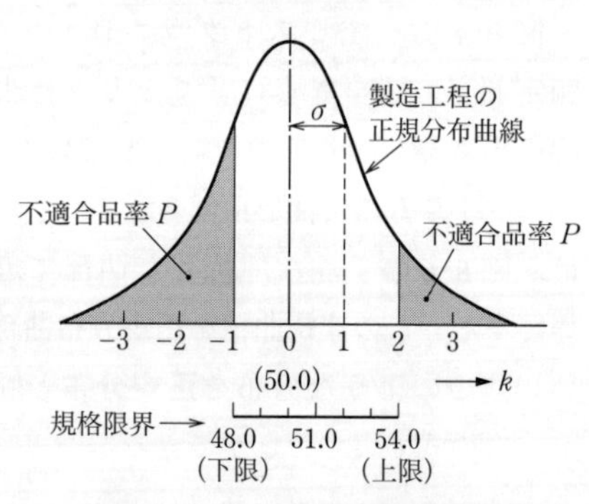

図 8·8　不適合品率を示す正規分布

図 **8·8** に示すように，規格値 51.0 ± 3.0 の製造工程から生産される製品が，平均値 50.0，標準偏差 2.0 の正規分布を示すとき，発生する不適合品数の割合すなわち不適合品率 P（不適合品数 / 製品数）を求めてみる．

上限規格値（51.0 + 3.0 = 54.0）をこえるものは，(**8·6**)式から

$$k = \frac{|x - \mu|}{\sigma} = \frac{|54 - 50|}{2} = 2.0 \xrightarrow[\text{(表 8·4 から)}]{} P = 0.0228$$

下限規格値（51.0 − 3.0 = 48.0）をこえるものは

$$k = \frac{|x - \mu|}{\sigma} = \frac{|48 - 50|}{2} = 1.0 \longrightarrow P = 0.1587$$

したがって，規格をこえる不適合品率は，次に示す値となる．

$$0.0228 + 0.1587 = 0.1815 \fallingdotseq 18\%$$

(**8·7**)式から，σ の倍数 k の値を図 **8·9** に示すように ± 1，± 2，± 3 にとり，各 $k \cdot \sigma$ から外に出る割合（図では面積）を P_k とすると，左右で $2P_k$，分布曲線内の全面積を 1 とすると，$\pm k \cdot \sigma$ 内にある面積は（$1-2P_k$）で表されるから，データ x が μ を中心として，$\pm\sigma$，$\pm 2\sigma$，$\pm 3\sigma$ の各範囲に入る割合を求めると，表 **8·4** から次のとおりになる．

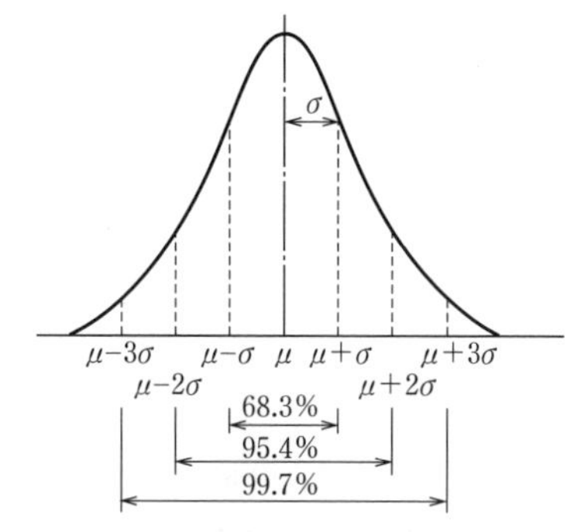

図 **8·9**　正規分布と σ 単位区分の割合

① $\mu \pm \sigma$ の範囲内に入る割合

$P_1 = 0.1587$ から，$1-(2 \times 0.1587) \fallingdotseq 68.3\%$

② $\mu \pm 2\sigma$ の範囲内に入る割合

$P_2 = 0.0228$ から，$1-(2 \times 0.0228) \fallingdotseq 95.4\%$

③ $\mu \pm 3\sigma$ の範囲内に入る割合

$P_3 = 0.0013$ から，$1-(2 \times 0.0013) \fallingdotseq 99.7\%$

したがって，③ の場合は，平均値 μ から $\pm 3\sigma$ の範囲（$\mu-3\sigma$ と $\mu+3\sigma$ の間）に，測定値のほとんどが含まれていることを示している．これを **3σ 限界**といい，次項で述べる各種の管理図をはじめ，各種の統計手法で妥当な**管理限界**を決める考え方の基礎として用いられている．

8·4　管理図

1. 管理図とは

管理図とは，生産工程が安定な状態にあるかどうかを調べたり，あるいは，工程が安定な状態を保っていくために用いられている図である．**JIS Z 9020-1：2016**（管理図ー第 1 部：一般指針）では，管理図を「連続したサンプルから計算した統計量の値を特定の順序で打点し，その値によって工程の管理を進め，変動を低減し，維持管理するための管理限界を含んだ図」と定義している．

管理図は，図 **8·10** に示すように，統計量の平均値を示す中心線と，その上方と下方に管理限界を示す一対の線を引いておき，これに，測定によって求めた製品の品質特性の時間的な変化を点とそれを結ぶ線で表していくものである．それらの点

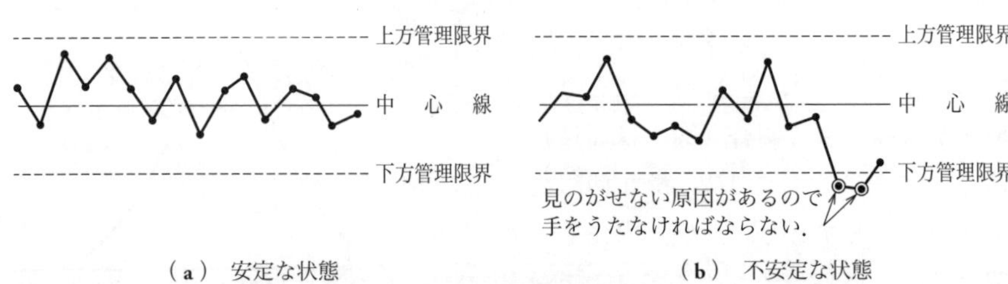

（a） 安定な状態　　（b） 不安定な状態

図 8·10 管理図

が(a)図のように管理限界内にあって，かつその並び方にもくせがないときは，その生産工程は安定状態にあると判定することができる．しかし，(b)図のように点が外にでたり，その並び方にくせがあるときは，不安定な状態にあると判定して，その原因を追求して取り除かなければならない．

一般に，管理限界線の中心からの位置は，前項の正規分布で示した3σ限界をとり，データから求めた標準偏差の3倍の幅に線を記入する．

2. 管理図の種類

管理図は，品質特性の種類によって，計量値の管理図と計数値の管理図とに分けられる．

計量値とは，長さ，重さ，時間，強さ，消費量などのように，連続量として測られる品質特性値をいう．計量値の管理図には，主として **$\overline{x}-R$ 管理図**が用いられる．

計数値とは，不適合品の数や不適合数などのように，個数を数えて求められる離散値（整数）をいう．計数値の管理図には，p 管理図，pn 管理図，c 管理図および u 管理図などが用いられる．

3. 管理図のつくり方

（1） $\overline{x}-R$ 管理図

$\overline{x}-R$ 管理図をつくるには，次の手順によればよい．

手順 1 データを集める．

生産管理のうえで重要と思われる品質特性を，測定時間，母集団（ロット），機械別，できれば工程別などに層別して集める．

$\bar{x}$-R管理図データシート

No.150

製品名称		軸	製造命令番号		A-385	期間	自 7月3日
品質特性		外 径	職場		PM		至 7月3日
測定単位		0.01 mm	基準日産高		700	機械番号	L-35
規格限界	最大		サンプル	大キサ	5	作業員	清 水
	最小			間隔	毎 時	検査員	鈴 木
規格番号		AR-320	測定器番号		No.5	氏名印	

日時	組の番号	測定値 x_1	x_2	x_3	x_4	x_5	計 Σx	平均値 $\bar{x}$	範囲 R	摘要
3-9	1	34.32	34.49	34.30	34.43	34.40	171.94	34.388	0.19	
10	2	34.37	34.46	34.33	34.36	34.25	171.77	34.354	0.21	
11	3	34.39	34.44	34.37	34.28	34.42	171.90	34.380	0.16	
12	4	34.39	34.38	34.31	34.32	34.37	171.77	34.354	0.08	
14	5	34.36	34.34	34.27	34.25	34.35	171.57	34.314	0.11	
15	6	34.38	34.32	34.47	34.51	34.41	172.09	34.418	0.19	
16	7	34.36	34.45	34.42	34.33	34.39	171.95	34.390	0.12	
4-9	8	34.45	34.35	34.37	34.38	34.32	171.87	34.374	0.13	
10	9	34.40	34.32	34.46	34.35	34.41	171.94	34.388	0.14	
11	10	34.31	34.35	34.43	34.37	34.28	171.74	34.348	0.15	
12	11	34.24	34.41	34.37	34.44	34.38	171.84	34.368	0.20	
14	12	34.32	34.45	34.40	34.35	34.31	171.83	34.366	0.14	
15	13	34.33	34.40	34.53	34.37	34.42	172.05	34.410	0.20	
16	14	34.35	34.45	34.33	34.38	34.40	171.91	34.382	0.12	
5-9	15	34.38	34.28	34.32	34.43	34.37	171.78	34.356	0.15	
10	16	34.30	34.38	34.34	34.41	34.33	171.76	34.352	0.11	
11	17	34.42	34.45	34.38	34.32	34.36	171.93	34.386	0.13	
12	18	34.40	34.44	34.36	34.30	34.37	171.87	34.374	0.14	
14	19	34.35	34.38	34.45	34.37	34.41	171.96	34.392	0.10	
15	20	34.32	34.39	34.37	34.41	34.35	171.84	34.368	0.09	
	21									
	22									
	23									
	24									
	25									
	26									
	27									
	28									
	29									
	30									
							計	687.462	2.86	

$\bar{\bar{x}} = 34.373$　$\bar{R} = 0.143$

$\bar{x}$管理図

$UCL = \bar{\bar{x}} + A_2\bar{R} = 34.456$

$LCL = \bar{\bar{x}} - A_2\bar{R} = 34.290$

R管理図

$UCL = D_4\bar{R} = 0.302$

$LCL = D_3\bar{R} =$ ——

n	A_2	D_4	D_3
4	0.729	2.282	—
5	0.577	2.114	—

記　事

図 8·11　$\bar{x}-R$管理図データ シートの例

手順2 データをまとめる．

データを4～5個ぐらいずつに分け，約20～25組をとって測定し，表**8·5**のようにデータ シートに記入する．

手順3 平均値 $\overline{x}$ の計算．

各組ごとのサンプルの和を計算して，これをサンプルの大きさ n で割って $\overline{x}$ を求める．データシートでは，第1組の平均値は次のとおりになる．

$$\overline{x} = (34.32 + 34.49 + 34.30 + 34.43 + 34.40)/5 = 171.94/5 = 34.388$$

手順4 範囲 R の計算．

$$R = (最大値) - (最小値) = 34.49 - 34.30 = 0.19$$

手順5 点の記入．

手順**3**で求めた $\overline{x}$ の値と手順**4**で求めた R の値を表す点を，それぞれ管理用紙に記入する．

手順6 総平均 $\overline{\overline{x}}$ の計算．

各組の $\overline{x}$ の総和を計算し，これを組の個数で割って $\overline{\overline{x}}$ （エックス バー バーと読む）を求める．

$$\overline{\overline{x}} = 687.462/20 = 34.373$$

手順7 R の平均値 $\overline{R}$ の計算．

各組の R の総和を計算し，これを組の個数で割って $\overline{R}$ （アールバーと読む）を求める．

$$\overline{R} = 2.86/20 = 0.143$$

手順8 管理線を求める．

各管理線は，3σ 限界の考え方に基づいて定められた表**8·5**に示す係数を用いて，次の公式によって計算する（本例では，$n=5$ から $A_2=0.58$，$D_4=2.11$）．

表8·5 $\overline{x}-R$ 管理図の係数表

サンプルの大きさ n	$\overline{x}$ 管理図	R 管理図	
	A_2	D_3	D_4
2	1.880	—	3.267
3	1.023	—	2.574
4	0.729	—	2.282
5	0.577	—	2.114
6	0.483	—	2.004
7	0.419	0.076	1.924
8	0.373	0.136	1.864
9	0.337	0.184	1.816
10	0.308	0.223	1.777

〔注〕 D_3 欄の“—”は，下方管理限界を考えないことを示す．

平均値 $\overline{x}$ の管理図

$$中心線(CL^*) = \overline{\overline{x}} = 34.373$$

$$上方管理限界(UCL^*) = \overline{\overline{x}} + A_2\overline{R} = 34.373 + 0.577 \times 0.143 = 34.456$$

* CL：center line，UCL：upper control limit，LCL：lower control limit

下方管理限界(LCL *) $= \overline{\overline{x}} - A_2 \overline{R} = 34.373 - 0.577 \times 0.143 = 34.290$

範囲 R の管理図

中心線(CL) $= \overline{R} = 0.143$

上方管理限界(UCL) $= D_4 \overline{R} = 2.114 \times 0.143 = 0.302$

下方管理限界(LCL) $= D_3 \overline{R}$ …… 考えない.

手順 9 管理線の記入.

$\overline{\overline{x}}$ および $\overline{R}$ の値をそれぞれ横に実線で記入し，その上下に UCL と LCL の値をそれぞれ破線で記入する.

手順 10 管理はずれ記号の記入.

点が管理限界線上にあるか，あるいは限界線より出たときは，⊙ のように点に ○ をつけて表示する．この場合には，その原因を調べ，再び起こらないように処置し，管理線を計算しなおす.

以上のような手順によって描けば，図 **8·12** に示すような $\overline{x}-R$ 管理図をつくることができる.

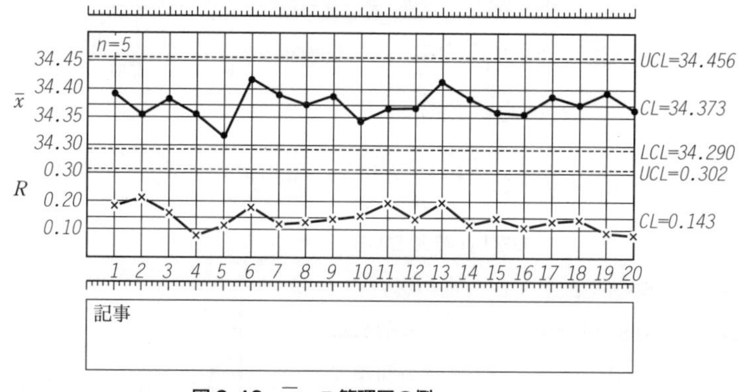

x̄-R 管理図

製品名称	軸	規格番号		AP-320	製造命令番号	A-385	期間	7.3～5
品質特性	外径	規格限界	最大		職場	PM	検査員	鈴木
測定単位	0.01mm		最小		基準日産高	700		
測定方法	マイクロメータによる	試料	大キサ	5	機械番号	L-35	限界指定者	
測定器番号	No.5		間隔	毎時	作業員	清水		

図 8·12 $\overline{x}-R$ 管理図の例

(2) p 管理図（不適合品率の管理図）

100 個の製品を測定して，その製品の中に 5 個の不適合品があったとき，不適合品率は$p=5/100=0.05$または$0.05\times100=5\%$（不適合品の百分率）で表される.

不適合品率pによって管理する**p 管理図**は，製品や部品の不適合品の数を外観や限界ゲージなどによって容易に検査できるので，不適合品数を用いたりpn管理図とともに，工程を管理するときに工場の現場で手軽に利用することができる.

① 中心線CLは平均不適合品率$\overline{p}$（ピー バー）で示し，次式のように，不適合品数の総和をサンプルの総和で割って求める.

$$\mathrm{CL}=\overline{p}=\frac{\text{不適合品数の総和}}{\text{サンプルの総和}}$$

② 管理限界UCL，LCLは次式によって求める.

$$\mathrm{UCL}=\overline{p}+3\sqrt{\frac{\overline{p}(1-\overline{p})}{n}}$$

$$\mathrm{LCL}=\overline{p}-3\sqrt{\frac{\overline{p}(1-\overline{p})}{n}}$$

下方限界の値が負のときには不適合品率はありえないので，LCLは考えなくてもよい.

たとえば，ある製品のデータとして，組の数が25，サンプルの大きさ$n=100$，不適合品数の総和72を得たとすると，この場合のCL，UCL，LCLは次のように計算される.

$$\mathrm{CL}=\overline{p}=\frac{72}{25\times100}=0.029=2.9\%$$

$$\mathrm{UCL}=\overline{p}+3\sqrt{\frac{\overline{p}(1-\overline{p})}{n}}=0.029+3\sqrt{\frac{0.029(1-0.029)}{100}}$$
$$=0.079=7.9\%$$

$$\mathrm{LCL}=\overline{p}-3\sqrt{\frac{\overline{p}(1-\overline{p})}{n}}=0.029-3\sqrt{\frac{0.029(1-0.029)}{100}}$$
$$=-0.021\ \text{（考えない）}$$

サンプルの大きさnが一定の場合のp管理図は図**8·13**となるが，この場合は，pn管理図を用いた方が取扱いが簡単である.

$\overline{p}$の値が0.05以下のようにきわめて小さい場合は，管理限界を$\overline{p}\pm3\sqrt{\overline{p}/n}$

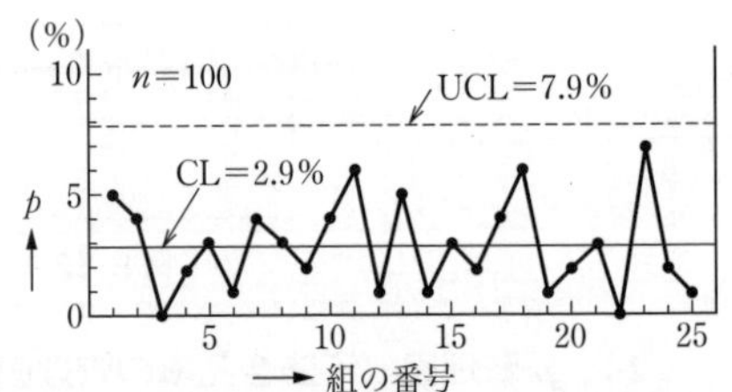

図8·13 nが一定の場合のp管理図の例

として求めてもよい．

サンプルの大きさnが変わる場合は，図**8·14**に示すようにUCL，LCLが変わってくる．このような場合の管理図の例は，主としてp管理図に用いられることが多い．

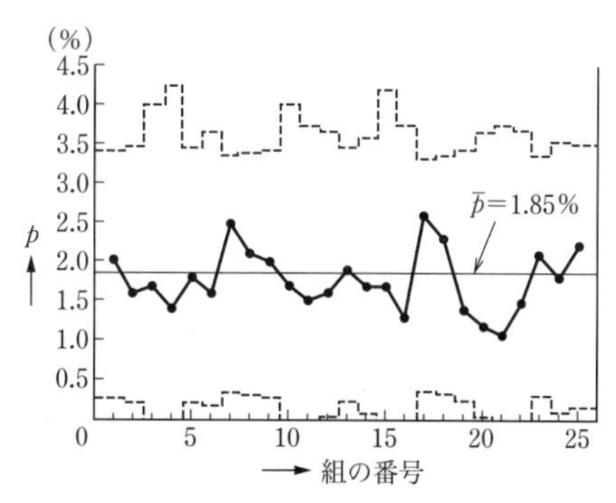

図 8·14　nが変わる場合のp管理図の例

（3）　pn管理図（不適合品数の管理図）

不適合品数pnを管理する場合に用いる管理図で，サンプルの大きさnが一定の場合に用いる．扱い方はp管理図とはほとんど同じで，管理線は次式によって求める．

$$\mathrm{CL} = \overline{p}n = \frac{\text{不適合品数の総和}}{\text{組の数}}$$

$$\mathrm{UCL} = \overline{p}n + 3\sqrt{\overline{p}n(1-\overline{p})}$$

$$\mathrm{LCL} = \overline{p}n - 3\sqrt{\overline{p}n(1-\overline{p})}$$

（4）　c管理図（不適合数の管理図）

製品や部品の中に生じたきずや塗装むらなどの場合のように，不適合の数を管理するための管理図で，調べるサンプルが一定の単位量であるときに用いられる．

管理線は，不適合数の平均$\overline{c}$だけをもとにして求めるのが特徴で，次式による．

$$\mathrm{CL} = \overline{c} = \frac{\text{不適合数の総和}}{\text{単位の数}}$$

$$\mathrm{UCL} = \overline{c} + 3\sqrt{\overline{c}}$$

$$\mathrm{LCL} = \overline{c} - 3\sqrt{\overline{c}}$$

不適合数cは整数値なので，UCLは$\overline{c}+3\sqrt{\overline{c}}$以上の最小の整数，LCLは$\overline{c}-3\sqrt{\overline{c}}$以下の最大の整数をとるものとする．LCLは計算の結果が負になったら考えないでよい．

たとえば，ある一定の大きさの金属板20枚について塗装むらを調べたところ，その不適合の総数が50であったとすれば，CL，UCL，LCLは次のようにして求める．

$$\mathrm{CL} = \overline{c} = \frac{50}{20} = 2.5 \text{（金属板1枚当たりの塗装むら）}$$

$$\mathrm{UCL}=\bar{c}+3\sqrt{\bar{c}}=2.5+3\sqrt{2.5}=7.24$$
$$\mathrm{LCL}=\bar{c}-3\sqrt{\bar{c}}=2.5-3\sqrt{2.5}=-2.24$$

すなわち，上方管理限界は 7.24 以上の最小の整数 8 とし，下方管理限界は負となるから考えなくてよい．

（5） u 管理図（単位当たりの不適合数の管理図）

c 管理図と同様に不適合数を管理する管理図であるが，検査するサンプルの大きさが一定でない場合に用いられる．たとえば，エナメル線の 1 時間当たりの生産高が 1500 m，1200 m，1300 m と変化する場合は，毎時 1000 m の単位当たりに換算して用いる．

いま，1200 m のエナメル線を検査したら，ピンホール（小穴）が 5 個あった．その場合，1000 m 当たりの不適合数 u は，次のように計算する．

$$\text{サンプルの大きさ}\quad n=\frac{1200}{1000}=1.2$$

$$\text{不適合数}\quad u=\frac{5}{1.2}=4.2$$

中心線と管理限界は次の式によって求める．

$$\bar{u}=\frac{\text{不適合数の総和}}{\text{サンプルの大きさの総和}}$$

$$\mathrm{UCL}=\bar{u}+3\sqrt{\frac{\bar{u}}{n}}$$

$$\mathrm{LCL}=\bar{u}-3\sqrt{\frac{\bar{u}}{n}}$$

この場合 n が変わるので，そのつど UCL，LCL も変わることになる．

4. 管理図の見方

管理図を上手に用いるには，打点された点の動きを見て，工程が安定であるか異常であるかの正確な判断ができなければならない．そのためには管理図の見方をおぼえ，点の動きから情報をくみとって処置をとる訓練をすることが必要となる．

（1） 安定状態にある管理図

管理図上で工程が安定した状態にあるときを判定するには，次に示す二つの場合があげられる．

① 管理限界線の外にでる点がない場合．

② 点がランダムに並び，並び方にくせがない場合．

実際には，生産工程以外の原因によって生じる変動のため，工程の状態が限界線内にあるのに限界外にあると判断することがある．このような誤りを少なくするため，一定期間のデータについて，次にあげる三つの条件を検討し，これを満足していれば，工程が安定した状態にあるものと判定することは一つの方法である．

① 連続25点以上が管理限界内にあるとき．

② 連続35点中，管理限界外の点が1点以内のとき．

③ 連続100点中，管理限界外の点が2点以内のとき．

（2） 不安定状態にある管理図

管理図上で工程が管理はずれの状態にあるときを判定するには，点が管理限界の線上に打点されたときか，外にでたときであるが，点が管理限界の中にあったとしても，点の並び方にくせがあるときは，工程に変化があったものとする．これを判定するには，次のような場合を不安定状態と考えることができる．

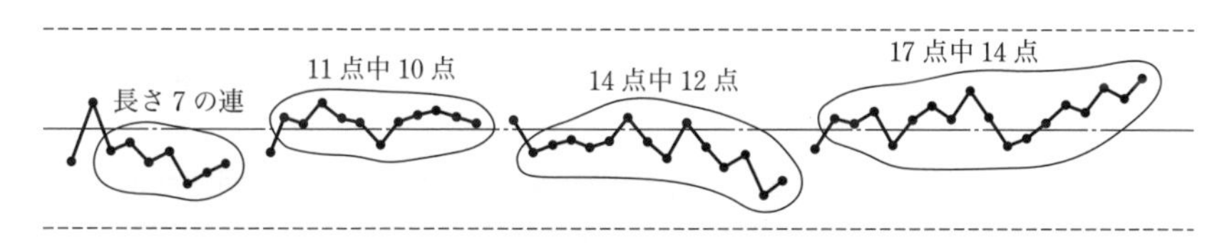

図8·15 点が一方の側に多くでる場合

① 点が中心線の一方の側に多くでる場合（図**8·15**）．

② 点が中心線の近くに現われる場合（図**8·16**）．

とくに，連続15点以上が中心線±1σ（シグマ）の範囲内に集まっている管理図は，異なる性質のデータが入っている場合が多く，

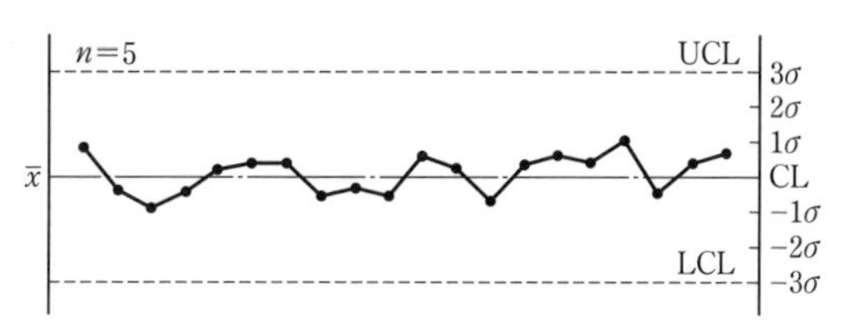

図8·16 点が中心線の近くに現われる場合

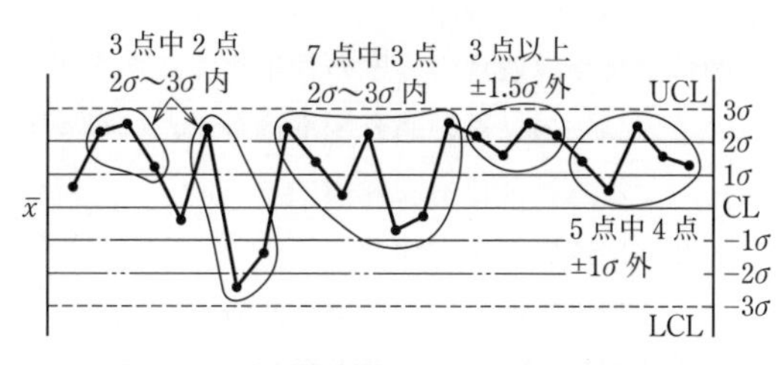

図8·17 点が管理限界の近くに現われる場合

層別の検討を行う必要がある．

③ 点が管理限界の近くに現われる場合（図8・17）．

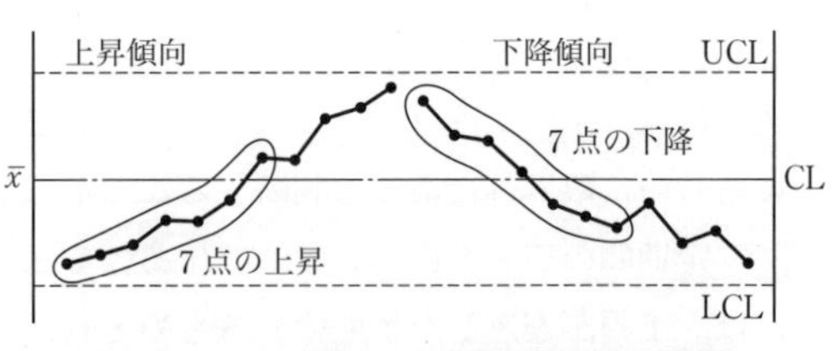

図8・18 点が上昇または下降の傾向を示す場合

④ 点が上昇または下降の傾向を示す場合（図8・18）．

たとえば，切削工具がしだいに消耗して，製品の寸法が大き目に切削されるような場合，あるいは触媒の劣化によって生産量が減少するような場合などに，この傾向は現われる．

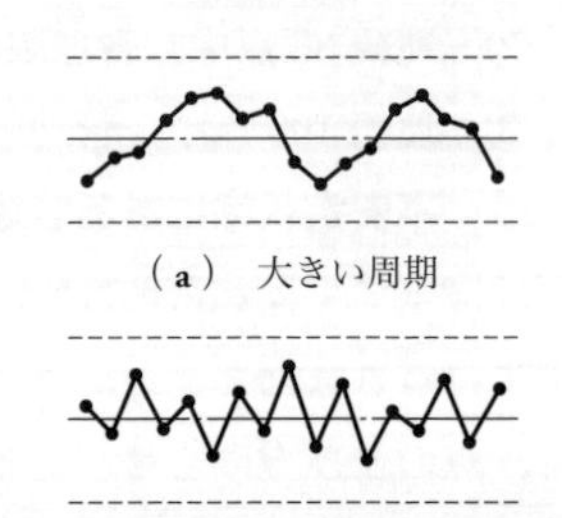

（a） 大きい周期

（b） 小さい周期（中心線より上方は午前9時，下方は午後3時のサンプリング）

図8・19 点が周期的な動きを示す場合

⑤ 点が周期的な動きを示す場合（図8・19）．

点が上昇，下降などの一定の動きを繰り返す場合を周期性があるという．たとえば，工具や触媒などを定期的に交換している場合，季節的な気温や湿度の変化が潤滑油に影響を及ぼし，機械の回転数に変化を与える場合などがある．

8・5 抜取検査

1. 検査とは

検査とは，品物の測定や試験などを行い，その結果を要求条件と比較して適合か不適合，または適合の程度の判定をくだすことで，次のような活動を行う．

① 品物の品質の適合・不適合またはロットの合格・不合格の判定基準を決める．

② 特性値を測定する．

③ 判定基準と測定結果を比較する．

④ 製品の適合・不適合の判定またはロットの合格・不合格の判定を行う．

2. 全数検査と抜取検査

(1) 全数検査

100% 検査とも呼び，製品1個1個につき，その全部を検査するもので，一般に次のような場合に適用される．

① 検査数の少ない場合．

② 生産工程が不安定なために不適合品率が大きく，生産される品質があらかじめ定めた品質水準に達していない場合．

③ 不適合品を見のがすと人身事故を起こすおそれがあったり，後の工程や消費者に大きな損失を与える場合．たとえば，自動車ブレーキの作動不良など．

④ 自動検査機やジグなどの使用により能率よく検査ができ，検査費用に比べて得られる効果の大きい場合．

(2) 抜取検査

抜取検査とは，ある一つのロットから，あらかじめ定められた検査方式（これを抜取検査方式という）にしたがって，定められた個数のサンプル（n）を抜き取って測定したり試験を行ったりして，その結果を合格判定基準（c）と比較して，そのロット全体を合格とするか不合格とするかを判定する検査をいう，一般に，ある程度の不適合品の混入が許されることが条件となるが，次のような場合に適用される．

① **破壊試験の場合**（例：材料の引張試験，蛍光灯の寿命試験など）．

② **連続体や数量が多い場合**（例：電線，鉄板，布地，小形のネジ，バネなど）．

③ **検査項目が多い場合**　検査の手間を省き，費用と時間を減らす．

④ **検査の信頼性を得たい場合**　ロットの品質を一定の不適合品率で保証できる．

⑤ **品質向上の刺激を与えたい場合**　ロット単位で成績や格付けなどが判定されるので，生産者は不合格ロットの処置や信用などを考えて努力を払う．

3. 抜取検査の種類

抜取検査にはいくつかの種類があるが，そのうち，主なものを分類すると，次のとおりである．

(1) 品質の表し方による分類

検査単位によって計数抜取検査と計量抜取検査とがある．

(a) 計数抜取検査 ロットの判定基準が個数のような計数値で与えられる抜取検査をいう．抜き取ったサンプルを試験して，適合品と不適合品に分け，または不適合の数を数え，それに基づいて，不適合品数または不適合数が何個以下であればロットを合格とし，何個以上であれば不合格とするという方式である．

(b) 計量抜取検査 ロットの判定基準が重量や長さのような計量値で与えられる抜取検査をいう．抜き取ったサンプルの特性値を測定し，その結果から求められた平均値または不適合品率などをロット判定基準と比較して，これに一致すればロットを合格とし，一致しなければロットを不合格とする方式である．

(2) 抜取回数による分類

ロットからサンプルを抜き取る回数により，一回抜取検査，二回抜取検査，多回抜取検査，逐次抜取検査の4種類の形式がある．

(a) 一回抜取検査 図8·20に示すように，ロットからサンプルをただ1回だけ抜き取り，その試験結果によりロットの合格，不合格を判定するものである．

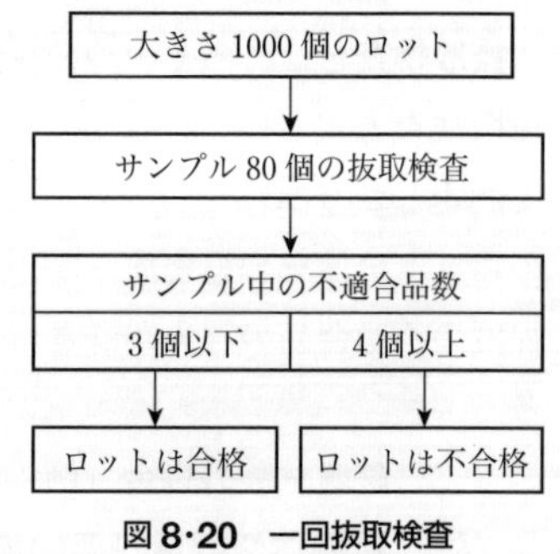

図8·20 一回抜取検査

(b) 二回抜取検査 図8·21に示すように，指定された判定個数により，第1回目のサンプルによる試験でロットの合格，不合格あるいは検査続行のいずれかを判定して，もし，検査続行の場合は，第2回目として指定された判定個数による試験結果と，第1回目との結果を合計した成績で判定する方式の抜取検査である．

大きさ1000個のロット
サンプル50個の抜取検査
50個中の不適合品数
1個以下 2～3個 4個以上
サンプル50個の抜取検査
100個中の不適合品数
4個以下 5個以上
ロットは合格
ロットは不合格

図8·21 二回抜取検査

(c) 多回抜取検査 図8·22に示すように，二回抜取検査の方式を拡張した形の検査で，毎回定められた大きさのサンプルを試験し，各回までの調べた成績を一定の基準と比較して，合格，不合格，検査続行のいずれかの判定を行いながら，ある一定回数までに合格，不合格を判定する方式である．ただし，第1回目は合格の判定はしない．

(d)　逐次抜取検査

ロットから1個ずつまたは一定個数ずつのサンプルを抜き取って試験し，そのつど，それまでの集計成績をロットの判定基準と比較することによって，合格，不合格，検査続行のいずれかの判定をする方式の抜取検査である．

(e)　抜取形式の決め方

抜取検査を実施する場合，一回，二回，多回，逐

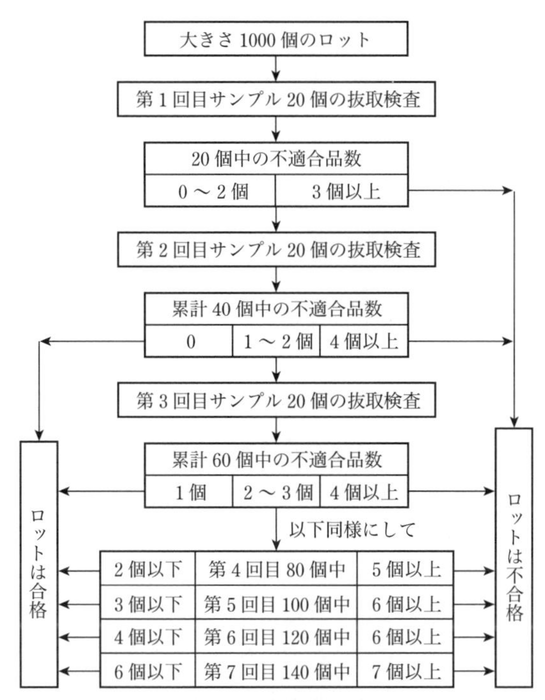

図8·22　多回抜取検査

表8·6　各種抜取形式の利害得失

項目＼形式	一回抜取検査	二回抜取検査	多回抜取検査	逐次抜取検査
検査ロット当たりの平均検査個数	大	中	小	最小
検査ロットごとの検査個数の変動	なし	ややあり	あり	あり
検査費用（必要に応じ自由にサンプルを抜き取ることのできる場合）	大	中	小	小
心理的効果（ていねいであるとの感じを与える）	悪い	中間	良い	良い
実施および記録の繁雑さ	簡単	中	複雑	複雑
適用して有利な場合	検査単位の検査費用が安価な場合	検査単位の検査費用がやや高価で，主として検査個数を減らしたい場合	検査単位の検査費用が高価で，検査個数を減らすことが強く要求される場合	検査単位の検査費用が高価で，検査個数を減らすことが最も要求される場合

次のいずれを用いるかは，表**8·6**に示す利害得失を検討して決める．

（3） 抜取検査の型による分類

抜取検査の型は実施方式によって，規準型，選別型，調整型，連続生産型の4種類に分けられる．

（a） 規準型抜取検査 検査に提出されたロットの合格，不合格を決める抜取検査の方式で，生産者に対する保護と消費者に対する保護との二つを規定し，両方の要求を満足するように組み立てられた抜取検査である．

（b） 選別型抜取検査 あらかじめ定められた抜取検査方式にしたがって検査を行い，合格となったロットはそのまま受け入れるが，不合格となったロットは全数選別して，発見した不適合品は修理するか適合品と取り替え，全部を適合品として受入れ側に渡す検査方式である．

（c） 調整型抜取検査 ロットの受渡しが継続して行われるとき，そのロットの過去の検査の履歴などの品質情報を参考にして，なみ検査，きつい検査，ゆるい検査を用意し，検査方式を調整する抜取検査である．

（d） 連続生産型抜取検査 品物が連続的に生産されて次々に送られてくる場合の検査に適用される抜取検査で，たとえば，ベルトコンベヤ上に送られてくる品物を，最初は1個ずつ全数検査を行い，適合品が一定個数続いたら一定個数ごとの抜取検査に移り，もし，不適合品が発見されたら再び全数検査にもどる方式である．

4. OC曲線

（1） OC曲線とは

ロットの品質とその合格する確率との関係を示す曲線を**OC曲線**（operating characteristic curve）といい，**検査特性曲線**ともいう．

図**8·23**に示すように，横軸にロットの不適合品率や平均値などの品質を，縦軸にロットが合格する確率を目盛ったものである．

抜取検査においては，抜き取ったサンプルの品質とロットの実際の品質とは必ずしも一致しないのがふつうで，サンプル中の不適合品の数は偶然性によって

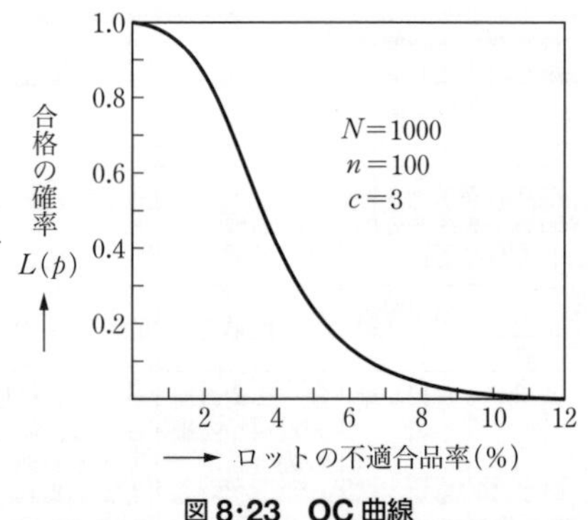

図8·23 OC曲線

多くなったり少なくなったりする．しかし，抜き取りを多数繰り返すか，ランダムサンプリングを条件としたとき，そのロットの合格する確率は統計的計算によって求めることができる．この合格する確率はロットの品質によって変わるから，これを求めて1本の曲線で示すことができる．この曲線がOC曲線である．すなわち，ロットの大きさ，サンプルの大きさおよびロットの合否を区分する判定基準の組合わせが決まれば，OC曲線によって，その抜取検査方式の判定能力を示すことができる．

なお，抜取検査方式とは，ロットの合格・不合格を判定するための基準となるもので，単に**抜取方式**とも呼ぶ．たとえば計数検査の場合に，“サンプルの大きさ50個の検査を行い，その中で見つけた不適合品が1個以下であればロットを合格とし，2個以上であればロットを不合格とする”と示したものが抜取方式である．通常はこれを簡略化して，$n=50$，$c=1$と記号で表す．ここに，nはサンプルの大きさで，cは合格判定個数である．計量抜取検査の場合には，nと$\overline{X}_U$（上限合格判定値）または$\overline{X}_L$（下限合格判定値）の組合わせで表す．

（2） OC曲線の見方

ある抜取検査方式に対して1本のOC曲線が得られた場合，その曲線を見ることにより，ある不適合品率のロットがどのくらいの確率で合格になったり不合格になったりするかを読み取ることができる．

図**8·24**において，p_0は生産者として現在の生産能力からみて，なるべく合格させたいロットの不適合品率の上限で，p_1は消費者として実用上，大きな影響を及ぼすので，なるべく不合格としたいロットの不適合品率の下限を示している．

いま，計数規準型一回抜取検査において生産者と消費者が相談した結果，$p_0=2.0\%$，$p_1=8.0\%$と指定されたとき，**JIS Z 9002**の抜取検査表（表**8·7**）から，抜取方式はサンプルの大きさ$n=100$，合格判定個数$c=4$の値となる．

この抜取方式に対するOC曲線は図**8·24**に示すとおりで，この図からロットの合格の確率を次のように読み取ることができる．

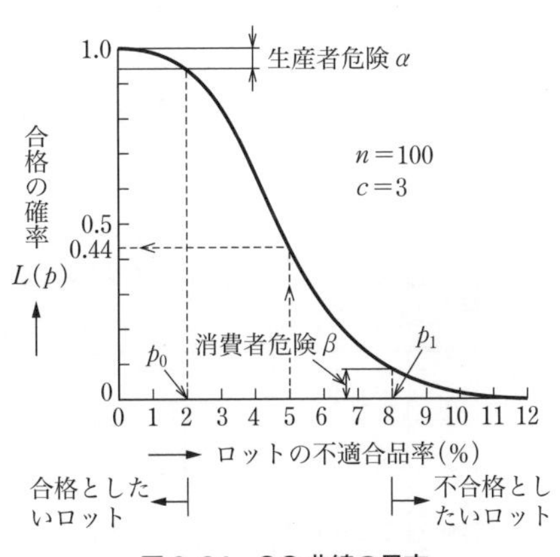

図8·24　OC曲線の見方

表8·7 計数規準型一回抜取検査表（JIS Z 9002）

細字は n，太字は c $\alpha \fallingdotseq 0.05$，$\beta \fallingdotseq 0.10$

p_0(%) ＼ p_1(%)	0.71 ～ 0.90	0.91 ～ 1.12	1.13 ～ 1.40	1.41 ～ 1.80	1.81 ～ 2.24	2.25 ～ 2.80	2.81 ～ 3.55	3.56 ～ 4.50	4.51 ～ 5.60	5.61 ～ 7.10	7.11 ～ 9.00	9.01 ～ 11.2	11.3 ～ 14.0	14.1 ～ 18.0	18.1 ～ 22.4	22.5 ～ 28.0	28.1 ～ 35.5
0.090 ～ 0.112	*	400 **1**	↓	←	↓	→	60 **0**	50 **0**	←	↓	↓	←	↓	↓	↓	↓	↓
0.113 ～ 0.140	*	↓	300 **1**	↓	←	↓	→	↑	40 **0**	←	↓	↓	←	↓	↓	↓	↓
0.141 ～ 0.180	*	500 **2**	↓	250 **1**	↓	←	↓	→	↑	30 **0**	←	↓	↓	←	↓	↓	↓
0.181 ～ 0.224	*	*	400 **2**	↓	200 **1**	↓	←	↓	→	↑	25 **0**	←	↓	↓	←	↓	↓
0.225 ～ 0.280	*	*	500 **3**	300 **2**	↓	150 **1**	↓	←	↓	→	↑	20 **0**	←	↓	↓	←	↓
0.281 ～ 0.355	*	*	*	400 **3**	250 **2**	↓	120 **1**	↓	←	↓	→	↑	15 **0**	←	↓	↓	←
0.356 ～ 0.450	*	*	*	500 **4**	300 **3**	200 **2**	↓	100 **1**	↓	←	↓	→	↑	15 **0**	←	↓	↓
0.451 ～ 0.560	*	*	*	*	400 **4**	250 **3**	150 **2**	↓	80 **1**	↓	←	↓	→	↑	10 **0**	←	↓
0.561 ～ 0.710	*	*	*	*	500 **6**	300 **4**	200 **3**	120 **2**	↓	60 **1**	↓	←	↓	→	↑	7 **0**	←
0.711 ～ 0.900	*	*	*	*	*	400 **6**	250 **4**	150 **3**	100 **2**	↓	50 **1**	↓	←	↓	→	↑	5 **0**
0.901 ～ 1.120		*	*	*	*	*	300 **6**	200 **4**	120 **3**	80 **2**	↓	40 **1**	↓	←	↓	↑	↑
1.13 ～ 1.40			*	*	*	*	500 **10**	250 **6**	150 **4**	100 **3**	60 **2**	↓	30 **1**	↓	←	↓	↑
1.41 ～ 1.80				*	*	*	*	400 **10**	200 **6**	120 **4**	80 **3**	50 **2**	↓	25 **1**	↓	←	↓
1.81 ～ 2.24					*	*	*	*	300 **10**	150 **6**	100 **4**	60 **3**	40 **2**	↓	20 **1**	↓	←
2.25 ～ 2.80						*	*	*	*	250 **10**	120 **6**	70 **4**	50 **3**	30 **2**	↓	15 **1**	↓
2.81 ～ 3.55							*	*	*	*	200 **10**	100 **6**	60 **4**	40 **3**	25 **2**	↓	10 **1**
3.56 ～ 4.50								*	*	*	*	150 **10**	80 **6**	50 **4**	30 **3**	20 **2**	↓
4.51 ～ 5.60									*	*	*	*	120 **10**	60 **6**	40 **4**	25 **3**	15 **2**
5.61 ～ 7.10										*	*	*	*	100 **10**	50 **6**	30 **4**	20 **3**
7.11 ～ 9.00											*	*	*	*	70 **10**	40 **6**	25 **4**
9.01 ～ 11.2												*	*	*	*	60 **10**	30 **6**

〔**備考**〕 矢印はその方向の最初の欄の n，c を用いる．＊印は表 **2** による．空欄に対しては抜取検査方式はない．

$p = p_0 = 2.0\%$ のとき：$\mathrm{L}(p_0) \fallingdotseq 0.95$

$p = p_1 = 8.0\%$ のとき：$\mathrm{L}(p_1) \fallingdotseq 0.09$

すなわち，不適合品率 p_0 のロットは，なるべく合格させたいのに，不合格として抜き取られるおそれのある確率が（$1 - 0.95) = 0.05$ あるわけである．このように良いロットが不合格になる確率を**生産者危険**と呼び，通常，これを α（アルファ）で表す．

また，不適合品率 p_1 のロットは，なるべく不合格にしたいのに，合格として抜き取られるおそれのある確率が 0.09 あることになる．このように悪いロットが合格となる確率を**消費者危険**と呼んで，通常，これを β（ベータ）で表す．JIS では，あらかじめ $\alpha = 0.05$，$\beta = 0.10$ を基準と定めている．

このように，OC 曲線は抜取検査方式の性質を示す曲線であって，任意の品質に対するロットの合格の確率を読み取ることができる．たとえば，図 **8·24** に示したような抜取検査で，不適合品率 $p = 5\%$ のロットが検査を受けたとすると，このロットの合格する確率は $\mathrm{L}(p) \fallingdotseq 0.44$ である．すなわち，100 回受検して 44 回ぐらいは合格するが，56 回ぐらいは不合格となることをあらかじめ知ることができる．

8章 | 演習問題

8·1 一定期間において不適合を示す下表のようなデータがあった．このパレート図を描け．

不適合項目	表面きず	寸法不適合	穴位置違い	ネジ不適合	組立て不適合
個数	85	48	33	28	6

8·2 5 個のデータ（32.4，33.5，35.2，32.7，34.8）から，平均値 $\overline{x}$，メジアン $\tilde{x}$，範囲 R，平方 S，不偏分散 V，標準偏差 s を求めよ．

8·3 サンプルの大きさ 5，組の数 20 のデータについて，各組の平均値 $\overline{x}$ の合計が 237.82（mm），範囲 R の合計が 3.54（mm）であった．$\overline{x}$ 管理図の UCL，LCL および R 管理図の UCL を求めよ．

9

環境と安全衛生管理

9・1 産業公害

1. 公害問題

日本の近代化が始まった明治時代に，足尾銅山の鉱毒事件が発生した．これは銅山開発によって，鉱毒ガスや鉱毒汚染水などの有害物質が渡良瀬川流域の環境に著しい悪影響を与えた事件である．第二次世界大戦後の高度経済成長期には，重化学工業が急速に発展し，これに伴い工場排水中の有機水銀化合物や工場排ガス中の硫黄化合物によって4大公害病（水俣病，新潟水俣病，イタイイタイ病，四日市ぜんそく）の大規模な被害があった．日本各地に発生した公害問題に対して，わが国は1967年に公害対策基本法を制定し，大気汚染，水質汚濁，土壌汚染，騒音，振動，地盤沈下，悪臭を**典型7公害**として，人の健康を保護し，生活環境を保全するうえで望ましい基準として**環境基準**の考え方を導入した．以後各種の有害物質に関する濃度規制による防止法を整備してきたが，汚染物質の排出総量の抑制ができず，その欠陥を解決するために総量規制の基準が採用されている．

2. 環境基本法

1993年に**環境基本法**が制定され，次の基本理念が示されている．

① 環境の恵沢の享受と継承．

② 環境への負荷の少ない持続的発展が可能な社会の構築．

③ 国際的協調による地球環境保全の積極的推進．

なお，公害対策基本法の公害対策に関する部分は，ほとんどそのまま環境基本法に引き継がれている．典型7公害のほか，廃棄物，リサイクル，化学物質，エネルギーなどのリスクに対応するための法律体系が整備されている．表**9・1**は，主と

表 9·1　環境基本法と主な関連法規

環境基本法	**環境基準の設定**	大気汚染，水質汚濁，騒音，土壌汚染
	典型 7 公害に関する法律（地盤沈下を除く）	大気汚染防止法，自動車 NO_x・PM 法，水質汚濁防止法，騒音規制法，振動規制法，悪臭防止法，土壌汚染対策法など
	循環型社会形成推進基本法	廃棄物処理法，PCB 特別措置法
	資源有効利用促進法	グリーン購入法，容器包装リサイクル法，家電リサイクル法，食品リサイクル法，建設リサイクル法，自動車リサイクル法など
	化学物質に関する法規	化学物質審査規制法，化学物質排出把握管理促進法，農薬取締法，ダイオキシン類対策特別措置法
	エネルギー政策基本法	省エネルギー法，新エネルギー法

して企業活動に関係する環境保全の法律を示している．

3. 環境管理

企業や工場における**環境管理**は，環境を維持し改善するために管理目標と改善指標を定めて，その対策に取り組む活動である．環境汚染レベルを改善するには，次の手順による．

① 物質収支やエネルギー収支を測定して，環境影響の実態を把握する．

② 環境影響の項目ごとに重要度をつけ，取り上げる課題の到達目標を定量的に定める．

③ 課題ごとに原因を究明し，具体的に実施可能な対策案を作成し，実施する．

④ 対策の実施結果をチェックし，必要な追加措置を講じる．

⑤ 得られた成果が持続するよう標準化を進め，歯止めをかける．

9·2 産業災害

1. 災害発生のしくみ

災害は結果として起こる現象であるが，これには潜在的な災害要因がある．潜在災害要因には，機械設備，建造物などの物的要因と作業者や第三者などの人的要因があり，物的要因が不安全状態にあるとき，人的要因が不安全行動をとるときに事故が発生し，災害が起きると考えられる．

工場や事業所で発生する**産業災害**は，労働災害と施設災害に大別される．

2. 労働災害

安全衛生管理とは，企業活動で発生する**労働災害**や職業病疾病などの健康障害を発生させないよう，職場で起こりうる不安全状態や不安全行動などの潜在災害要因を発見し，その改善を実施して，労働災害ゼロを目指す管理活動である．

安全衛生活動の3原則は次のとおりである．

① **ゼロの原則** 災害防止の基本は，「誰1人もけが人をださない」という人間尊重の理念で，災害をゼロにするのが原則と考える必要がある．

② **先取りの原則** 1件の重傷災害の背後には29件の軽傷災害があり，さらにその背後には災害統計に現われないヒヤリ・ハット事例が300件も潜んでいるという**ハインリッヒの法則**（1：29：300）が有名である．

③ **参加の原則** 働く人の安全と健康を守るのは，事業者の法的責任であり，道義的責任でもある．しかし災害ゼロの達成には，事業者による安全措置だけでなく，作業者による自主活動は必要不可欠であり，全員参加の活動が求められている．

労働災害の発生状況を示す尺度に，年千人率，度数率，強度率がある．

（1） 年千人率

年千人率は，労働者1000人当たり1年間に発生する労働災害による死傷者数で表す．

$$\text{年千人率} = \frac{\text{労働災害による年間死傷者数}}{\text{年間平均労働者数}} \times 1000 \qquad (9\cdot1)$$

（2） 度数率

度数率は，労働災害の発生頻度を表す数値で，100万延べ実労働時間当たりに発生する労働災害による死傷者数（休業1日以上）で表し，死傷者数や延べ実労働時間数は1か月または1年などの一定期間を区切って算出する．

$$\text{度数率} = \frac{\text{労働災害による休業1日以上の死傷者数}}{\text{延べ実労働時間数}} \times 1000000 \qquad (9\cdot2)$$

たとえば従業員2000人の工場で1か月に1件の労働災害が発生した場合の度数率は，1か月の労働時間を200時間とするとき，次のとおり計算される．

$$\text{度数率} = 1/(2000 \times 200) \times 1000000 = 2.5 \qquad (9\cdot3)$$

（3） 強度率

強度率は，労働災害の重さの程度を表す数値で，1000延べ実労働時間当たりの労働損失日数で表す．

$$強度率=\frac{延べ労働損失日数}{延べ実労働時間数}\times 1000 \quad (9\cdot 4)$$

わが国における労働損失日数の基準は，次のとおりである．

① 死亡または永久労働不能（身体障害等級1～3級）の場合は，7500日とする．

② 後遺症が残る場合は，障害等級に応じて表9・2で定められている．

表9・2 労働災害の障害等級と労働損失日数

身体障害等級	1～3	4	5	6	7	8	9	10	11	12	13	14
労働損失日数	7500	5000	4000	3000	2200	1500	1000	600	400	200	100	50

（4） 労働災害統計の推移

図9・1は，厚生労働省が公表した規模100人以上の事業所における災害統計の推移である．また，この調査で無災害事業所の割合は約52.4％で推移しているとの報告があり，なお47.6％の事業所では何らかの労働災害が発生しているのが現状である．

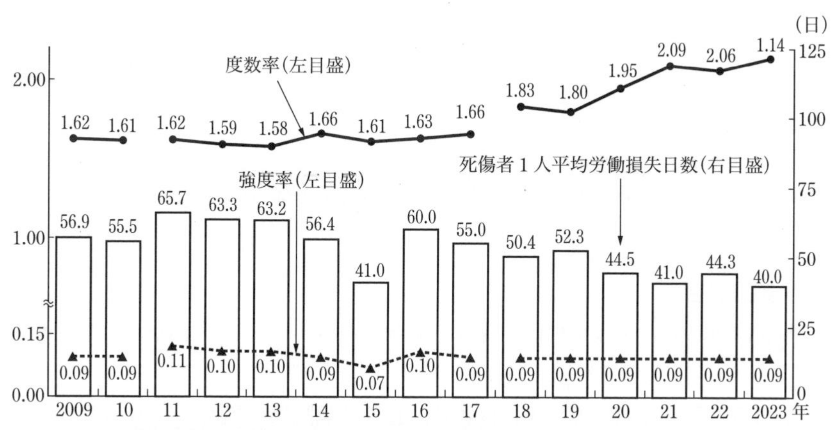

〔注〕 1) 2011（平成23）年から調査対象産業に「農業，林業」のうち農業も追加したため，2010（平成22）年以前との時系列比較は注意を要する．
2) 2018（平成30）年から調査対象産業に「漁業」を追加したため，2017（平成29）年以前との時系列比較は注意を要する．

図9・1 労働災害統計の推移

（5） 労働災害の原因

労働災害を引き起こす原因は非常に多く，大きな災害が一つ起こる裏には，軽い災害を引き起こしたり，災害に至らない多くの事故原因が秘められている．すなわち，災害として大きく現われるのは氷山の一角で，事故原因は一つの小さなものでも見のがさずに防止対策をとる必要がある．労働災害の主要原因となる物的要因と人的要因の主なものをあげると，次のとおりである．

〔**物的要因**〕

① 安全装置の不備．

② 機械・設備の設計や構造の不備．

③ 機械・設備の破損，摩滅，亀裂．

④ 取扱いや管理方法の不備．

⑤ 採光，照明，換気など作業環境の不備．

⑥ 整理整とんの不備，機械・設備の過密配置．

⑦ 作業衣，防護具（めがね，手袋，くつ，保護帽など）の不備．

〔**人的要因**〕

① 疲労や睡眠不足．

② 作業が体力や性質に不適．

③ 経験，技能，知識の不足．

④ 作業位置，姿勢などの不適．

⑤ 注意不足，悪ふざけ．

⑥ 不安全な方法による装置の使用．

⑦ 保護具を使わない．

⑧ 無許可の作業実施など命令や指示の不徹底または命令違反．

3. 施設災害

工場施設は天災によって損害を受ける場合もあるが，人の不注意などが原因で起こる災害（人災）によることが多い．

人災のうち最も件数が多いのは火災で，各種の危険物の燃焼，分解，爆発などによって引き起こされる．これらは工場建物，生産設備，原材料，製品などに大きな損害をもたらすばかりでなく，人員の死傷も伴うことになる．

火災防止の対策としては，事前に次に示すような予防処置をとることが必要である．

① 発火を防止するために，危険物質（引火・可燃・爆発の性質をもつガス・油・粉じんなど）や発火源（裸火・高温表面・衝撃摩擦・電気火花など）

の管理を厳重にすること．

② 燃焼の防止手段として，建造物は不燃材料の使用により，防火・耐火の構造とする．

③ ガス検知機，火災警報設備，消火設備，消火器，消防用水，排煙設備などを設置する．

火災のほか，施設構造物などの設計や処置の不良などによって，破壊，倒壊などが発生することがある．また，業種によっては，ボイラまたは高圧ガス設備の破裂，ワイヤロープの切断，土砂・トンネルの崩壊または落盤などの発生もあり，いずれも死傷率のきわめて高い災害となる．

9·3 安全管理

生産活動を円滑に推進させるためには，安全第一として工場内の事故や災害の事前防止に努力することが大切である．そのためには，災害防止の基準や組織をつくり，責任体制を明らかにするとともに，従業員の安全に対する関心を高めなければならない．

1. 安全管理の組織

労働安全衛生法では，一般に製造業などで労働者数300人以上の事業場では**総括安全衛生管理者**を選任し，安全管理者や衛生管理者を指揮して，労働者の安全や衛生の対策，そのための教育の実施などについて統括管理することを定めている．なお，**安全管理者**は，労働者50人以上の事業場ごとに有資格者の中から選任し，安全に関する事項を管理させるとしている．

さらに，労働者側からの意見を入れるために，労働者数100人以上の製造業では**安全委員会**を設けなければならない．この委員会は労使半数ずつで構成し，一般に委員長には安全管理者がなり，安全管理の年次計画や事故対策，諸規定の作成などを行う．

2. 安全管理の業務

安全管理の業務は，一般に安全管理者，安全委員会，安全委員および関係従業員が分担し，その主なものをあげると，次のとおりである．

① 建物，設備，作業の場所や方法に危険があるときの処理方法の指導と監督．
② 安全装置，保護具，その他の危険防止施設の定期点検および整備．
③ 安全に関する教育・訓練の実施．
④ 発生した災害の原因調査と対策．
⑤ 安全に関する重要事項の記録・統計と保存．
⑥ 防火管理者の選任．

なお，**防火管理者**の業務は，おおむね次のとおりである．

① 消防計画の作成．
② 消防計画に基づく消火，通報および避難の訓練の実施．
③ 消防用設備などの点検整備．
④ 火気の使用または取扱いに関する監督．
⑤ 消防機関への消防計画書の届出．

安全管理の効果をあげるためには，経営者や管理者の安全についての理解と意欲が最も大切で，さらに一般従業員のそれぞれの分野においての安全に対する協力が必要である．

3. 安全の教育と運動

労働災害の多くは，作業者の経験や知識の不足，安全に対する無関心などから起きている．したがって，生産活動の中において，常に安全を守る態度が身に付くように，安全教育と安全運動を行うことはきわめて重要である．

安全教育とは，生産活動を安全に進めるために行う教育と訓練で，次のような狙いをもっている．

① 安全作業方法（作業の手順・動作，連絡合図，保護具の着用など）の知識や技能を習得する．
② 万一の際の適切・機敏な行動ができる習慣を養成する．
③ 生産上の責任と同時に安全上の自主的活動の責任をもたせ，災害防止の関心を高める．

とくに労働安全衛生法では，企業が安全教育を行わなければならない場合として，① 新規の採用者があったとき，② 作業の内容が改められたとき，③ 危険または有害な仕事に従事するとき，④ 職長または作業の監督者として新たに就任したとき，などを定めている．

一般の従業員に対する安全教育は，講習会，研究会，防災訓練などを計画的に行い，安全に対する関心を高めることが必要である．

安全を一層高める運動として，①毎朝作業にかかる前に，各職場で職長を中心として行う安全朝礼，②安全提案や無事故などの表彰，③社内新聞，ポスター，映画，ビデオなどによる宣伝，④安全週間，整理・整とんの習慣などの実施，⑤安全に関する資料の展示会，⑥職場安全に関する会議・発表会・展示会などの開催（災害例，傷害統計，行動記録などビデオ・写真を用いると効果的），などがある．

9·4 衛生管理

衛生管理は安全管理と並んで従業員の健康を管理するもので，その目的とするものは，予測や測定などによって作業方法や衛生状態に有害となる原因を知り，必要な措置を行って人体の健康障害を防止することである．

1. 衛生管理の組織

法規では，安全管理と同様に，常時50人以上の労働者を使用する事業所は，企業の規模に応じて1人以上の必要な**衛生管理者**を選任することを定めている．管理者は一定の資格を必要とし，労働省令で定める資格をもつ者か，都道府県労働基準局長の免許を受けた免許所有者が当たり，毎週1回作業場を巡視し，衛生上有害のあるおそれのあるときは，ただちに必要な措置をとることを定めている．

また，企業の一定規模に応じて事業所ごとに医師のうちから**産業医**を専任し，毎月1回作業場のほか食堂，休憩所，炊事場，便所などの保健施設を巡視し，労働者の健康管理について，事業者または総括安全衛生管理者に勧告し，または衛生管理者に指導や助言を行うべきことを定めている．

なお，衛生管理についても安全管理と同様に，作業者の意見を受け入れさせるために**衛生委員会**を設けることが定められている．

2. 衛生管理の業務

衛生管理の主な業務は次のとおりである．

① **健康診断**　その種類として，新規採用者に対する診断，定期診断（年1回

以上，有害業務に従事する者には年2回以上）．

② **病者の就業禁止**　伝染病や伝染性疾患にかかっている者や精神病者および心臓病などで病状の悪化するおそれのある者．

③ **労働環境の保全**　定期的に作業場の環境測定を行い，衛生環境の保持につとめる．

測定対象として，明るさ，気温，湿度，気流，粉じん，有機溶剤，騒音などがある．なお作業場のほか，休憩室，更衣室，浴場，炊事場，食堂，便所，寄宿舎などについても衛生管理を行う．

④ **衛生教育，健康相談**　安全教育と同様に，衛生の大切なことを機会をとらえて広く宣伝する．また，医師などにより保健や療養などについての指導を行う．

9·5　労働安全衛生マネジメント システム

1. 労働安全衛生マネジメント システムの考え方

わが国では2006年に厚生労働省によって**労働安全衛生マネジメント システム**に関する指針が示され，労働災害を減少させ，労働者の健康の増進と快適な職場環境の形成を促進するために，**PDCA サイクル**によって管理することの重要性が表明された．

2. 労働安全衛生マネジメント システムの構造

労働安全衛生マネジメントは，以下の事項を確実に遂行することによって推進される．

① **安全衛生方針の表明**　事業者は，労働災害の防止，安全衛生管理の実施，関係法規と事業所で定めた規定の順守，労働安全衛生マネジメント システムの実施などを含む方針を表明しなければならない．

② **危険性・有害性の調査（リスク アセスメント）**　次の手順によって，危険性や有害性を調査する．

・危険性または有害性の特定．

・危険有害要因のリスクの見積もり．

・リスクの評価．

・リスク低減対策の検討.

③ **安全衛生目標の設定** 安全衛生方針に基づいて安全衛生目標を設定し，一定期間に達成すべき到達点を定め，関係者に周知する.

④ **安全衛生計画の作成** リスク アセスメントの結果に基づいて，目標達成への具体的実施事項，日程などを定め，安全衛生計画を作成する.

⑤ **体制の整備** 企業組織の必要な部署に管理者を選任し，労働安全衛生を推進する人材と予算を確保する．あわせて労働者に安全衛生教育を実施し，安全衛生委員会の活動を促進する.

⑥ **明文化** 安全衛生方針，管理者の役割・責任・権限，安全衛生目標，必要な手続きなどを文書化し，管理する.

⑦ **記録** 安全衛生計画の実施状況，システム監査の結果，リスク アセスメントの結果，教育の実施状況，労働災害の事故等の発生状況などの必要事項を記録する.

⑧ **安全衛生マネジメント システムの監査と見直し** 定期的なシステム監査計画を作成し，適切に監査を実施し，安全衛生マネジメント システムの妥当性と有効性を確実にするために，安全衛生方針，指針に基づく各種の手続きなどの全般的な見直しを行う.

10
人事管理

10·1 人事管理とは

人事管理とは，企業がその目的を達成するため，従業員の労働力を最も効果的に発揮させるために行われる管理をいい，**労務管理**，人事・労務管理などの名称もつけられている．

工業生産に必要とする基本的な要素は，人，材料，機械であるといわれているが，この中で，企業活動の成果に最も強い影響を及ぼすのは人であり，人の管理についての重要性は，すでに**1**章における人間関係の重視で述べたとおりである．したがって経営者は，従業員を人としてとらえ，企業に適した人を選んで採用し，その能力を充分に発揮させて，従業員と協力して企業の発展をはかることが大切である．

人事管理の主な内容をあげると，従業員の採用（雇用），配置，教育訓練，人事考課（**10·4**節参照），賃金，福利のほか安全，衛生および労使（従業員と経営者）関係の管理が含められる．

10·2 雇用管理

1. 雇用管理とは

従業員の採用，配置，異動，退職などの業務を行い，その企業に必要とする素質や能力をもつ人を集め，適材を適所に配置し，その処遇を適切に行うことを目的とした管理である．

2. 採用と配置

企業が従業員を募集するには，通勤区域以内であれば，文書によりまたは直接に募集を行うことができるが，通勤区域以外からの募集は職業安定法に定められた許可を受けなければならない．一般の場合は職業安定所と学校の紹介による場合が多い．

採用の業務には，募集計画，選考計画，採用手続きなどがある．

（1） 募集計画

募集計画の中心となるものは採用条件で，その主な内容は，勤務場所，業務の種類，賃金，労働時間，福利厚生関係などがある．

（2） 選考計画

通常は書類選考と直接選考とが行われる．必要とする書類は，自筆の履歴書，身上書，卒業証明書，健康診断書，写真などを提出させる．新規の学校卒業者には，卒業見込証明書，成績証明書，推せん状などの提出を求める．

直接選考は，筆記試験，面接試験のほか諸検査がある．面接には個別面接と集団面接の方式があり，諸検査には，職業適性検査，性格検査，職業興味検査，技能検査などがある．

（3） 採用手続き

採用手続きを内定から配置までとし，その間に行われる手続きをあげると，① 採用内定通知の発送，② 身元保証書の請求（入社後の場合もある），③ 予備研修，④ 入社式，⑤ 労働契約書の作成，⑥ 就業規則・身分証明書・通勤証明書など必要書類の配布と説明，⑦ 制服・作業服・その他必要品の配布，⑧ 健康診断などがある．

（4） 配置手続き

採用した者の配置は，各種の検査結果を参考とするほか，採用後の教育・訓練および実際に仕事に従事させた結果などを審査して，最も適した職務を選ぶことが望ましい．すなわち，実際の配置は数か月の後とし，その期間に適材を適所に配置する手続きを行うことが必要である．これは企業にとって結果的には，生産性を向上させ，労働災害を減らし，管理しやすいなどの利点があり，従業員にとっては，精神的な安定を得て，仕事に対する満足感と働く意欲をもつことができる．

3. 人事異動

人事異動とは，企業の組織の中で職務や職位が変わることをいい，他部門への一時的な援助のための勤務は人事異動とはいわない.

人事異動を行う目的は次のとおりである.

① 特定部門の増強，新設または縮小，廃止に伴う異動.

② 各部門における業務負担の調節を目的とした異動.

③ 従業員の能力や意欲向上を目的とした異動.

④ 報賞や懲罰の意味で行われる異動.

以上の目的から結果的には，昇任，転任，降任の3種類の異動に分けられる．昇任の場合は，学歴，年齢，勤務年数などを慎重に考慮する必要があり，一時的な実績だけの重視などによる昇任は，同僚などの折り合いから，かえって本人を不幸にすることもある．また，転任，降任の場合は，理由を説明して当人の理解と納得を得ることが必要であろう.

人事異動を時期の面から分類すると，定期異動と臨時異動とに分けられる．定期異動は1年のうち一定の時期を決めて計画的に異動を行うもので，計画的な業務上の必要性ということから，比較的に従業員の協力を得やすいが，臨時異動は不定期であり，かなり明確な異動実施の理由がないと，計画性の点から従業員に不安感を伴いやすい.

10·3 教育訓練

企業内で従業員の**教育訓練**をする目的は，企業が必要とする職務の知識や技能の習得と就業の態度を身につけ，生産性の向上をはかるためである.

しかし最近は，教育訓練の考え方をさらに一歩進めて，従業員の自己啓発によって人間としての価値を高めようとする能力開発の考え方を重視するようになり，教育訓練という表現に変わって**能力開発**と表現されることが多くなった.

1. 教育訓練の種類

教育訓練の種類は，教育の対象者・場所・方法などに大別することができる.

(1) 教育の対象者による分類

(a) 新入者の教育訓練　企業が独自にもつ習慣や環境に早く慣れ，企業社会の一員として企業に貢献できる素地をつくる．いわば早期適応の訓練といえる.

教育の期間は1週間から数か月程度で，その内容は，会社の概要の説明，仕事の基礎知識，技能訓練，従業員としての心構えや態度の養成などであり，とくに小グループによる討議，現場実習，体験学習などを重視する傾向がある．

（b） **技能者の教育訓練** 技術の高度化による生産技術の進歩は，技能の程度にも大きな影響を及ぼし，計画的な技能者訓練が望まれている．技能者訓練の基本的な考え方は，職業能力開発促進法に基づき，職業訓練と職業能力検定を行い，技能者の養成をはかるものとしている．

企業内で技能者訓練として行われている事業内職業訓練は，生産に直結した技能と，それに関連する知識を身につけるもので，中堅技能者を1～3年間にわたり育成している．職業能力検定は各職種ごとに1級と2級などの種類がある．

（c） **監督者の教育** 新しい監督者を育成するときや，工場の現場で作業員を直接監督する職長の資質の向上をはかるときなどに行われる教育で，① 仕事と責任の知識，② 仕事を教える技能，③ 仕事を改善する技能，④ 人を扱う技能などを修得する．

②～④ の教育訓練方式として **TWI 方式**（training within industry の略）がある．これは**監督者訓練**とも呼ばれ，第二次世界大戦後アメリカから導入された教育訓練方式で，企業内の第一線監督者のために開発されたものである．標準化された指導法により，討論や実演を中心とした会議方式で進められ，標準の手順は，① 習う準備をさせる，② 作業を説明する，③ やらせてみる，④ 教えた後をみる，である．

（d） **管理者の教育** 技術の急激な進歩，国際進出，コンピュータの活用など，企業をとりまく環境は大きな変化をとげている．経営者をはじめ部長や課長などの監督者は，これらの情勢の変化に対応して，みずから知識を広めて処置をとる必要がある．このため，管理者教育は企業にとってきわめて重要になっている．

管理者の訓練方式として **MTP 方式**（management training program の略）がある．これはアメリカで発達し，部課長に適した監督者訓練で，会議を主体とし，その内容は，① 管理の基礎，② 仕事の改善，③ 仕事の管理，④ 部下の訓練，⑤ 人間関係となっており，1会議2時間で20会議で終わる．

（2） 教育の場所による分類

（a） **職場内訓練**（on the job training：**OJT**） 職場の管理・監督者や特定の指導者が，職場内において実際の仕事を通して行う訓練方法である．指導者の作業能率の妨げはあるが，現場の実情に適応した訓練が適時に行えるので，実際の仕事に早く役立つことができる．

（b） **職場外訓練（off JT）** 現場の仕事から離れて集団的に行う訓練の方法で，仕事に関係のある知識，技術，技能などを，専門家の手によって集中的に指導を受けることができる．広く複雑な知識の教育または特殊部門の教育などに適する訓練である．

（c） **教育の実施方法による分類**

（i） **講義方式** 指導者が，主として口頭で技術知識を教える方法である．一時に多数の者を教育することができるが，教育が一方的な指導となる傾向がある．

（ii） **会議方式** 一定の問題について，参加者に自己の意見を自由に発表させながら結論を見出していく方法で，指導者の適切な指導によって，参加者の考え方のまとめや表現する能力，あるいは相手意見を正確に理解する能力などを養う．

（iii） **討論方式** 会議方式の一種で，会議の席上で参加者が一定の問題について研究の結果を発表し，各自の意見について活発に討論する方法である．また，参加者に具体的な事例を示し，その問題について分析研究して対策を考えさせる方法を，とくに事例研究と呼んでいる．

そのほか，指導者と参加者がその役割を交替して実演する役割演技方式，講義や実演の後に参加者がみずから実施してみる実習方式などがある．

なお，講義や会議などでは，実物や模型などを示して実験や実演を行うと，参加者の理解を容易にする．さらに，スライド，映画，ビデオなどのプレゼンテーション ツールの利用も効果的である．

以上の分類のほか，再教育，転職教育，昇任教育，海外派遣教育などの種類があるが，これらは必要に応じてそのつど行われる．

2. 能力開発

企業における従業員の一人ひとりの内部にひそむ能力を発見し，その能力を積極的に伸ばしていくことを**能力開発**という．これは，企業の成長は人の成長によって行われるという考え方から生じているもので，従業員の能力を開発し活用することが企業の発展に役立つことになる．

従業員の能力を伸ばす方法としては，さきに述べた教育訓練を行うほかに，従業員が自分自身で能力を開発できるような環境や機会を与えることが必要である．その研修方法の代表的なものをあげると，次のとおりである．

① **海外留学** 国際的な広い視野を養い，企業の国際化に対処できる．

② **国内留学** 主として国内の大学，研究機関，会社などへ派遣し，基礎技

術，新しい技術や技能などを習得させる．

③ **資格取得の援助**　技術士，技能士など企業の職務と関係のある資格の受験を奨励し，受験料などを負担する．

④ **通信教育受講の援助**　企業が認める通信教育の受講を支援し，修了者には受講料の一部または全額を企業が負担して援助を行う．

⑤ **自主講座の開設**　時間外や休日を利用して，企業が自主講座を開き，従業員は必要な科目を選択し，受講料を自己負担して参加する．

さらに，経験を一つの教育と考えるならば，従業員がそれぞれ受けもつ将来の職務経歴を計画して，育成的に人事異動を行うのも能力開発の一手段である．

10·4 人事考課

1. 人事考課とは

従業員の勤務態度や職務遂行の状況を能力や実績などとともに評価することを**人事考課**といい，**勤務評定**とも呼ばれる．その目的は，① 昇給・賞与の調整，② 昇進・異動の参考，③ 人材の適正配置，④ 教育訓練・能力開発の資料，などとする．

2. 人事考課の方法

人事考課の評定のため用いられる考課項目は，職務の地位や種類によって一様でないが，その尺度はできるだけ科学的，合理的に行い，公正に設定しなければならない．一般に用いられる考課項目には，責任感，判断力，理解力，実行力，注意力，指導力，企画力，統率力，交渉力，応用力，知識，技能，勤勉性，協調性，積極性，信頼性，独創性などがある．

基本的な人事考課の方式をあげると，次のとおりである．

（1） 順位法

等級法とも呼ばれ，従業員の実績によって序列をつける方法で，管理者や監督者が評定者となり，自分の監督下にある従業員に順位番号をつけて評定する．同一職務

表 10·1　順位法の例

考課項目＼被考課者	仕事の量	仕事の質	理解力	積極性	順応性	知識・技能	合計	順位	評定
A	2	1	3	5	3	4	18	3	良
B	1	3	2	4	5	1	16	1	優
C	4	5	4	1	2	3	19	4	良
D	5	2	1	3	4	5	20	5	可
E	3	4	5	2	1	2	17	2	優

整理 No.

考　課　表

年　月　日

工場		職場		職名		被評定者氏名		年齢	満　歳	勤続年数	満　年　か月

番号	考課項目	着眼点	注意点	評定
1	責任感	仕事をやりとげる意欲と結果に対する責任感の程度.	1. 期間を守り正確を期す努力はどうか. 2. 問題点があったときの態度はどうか.	9 8 7 6 5 3 1
2	協調性	上司や同僚との人間関係を円滑に進める度合い.	1. 困難な職務に懸命に協力したか. 2. 表面だけの協力かどうか.	9 8 7 6 5 3 1
3	積極性	必要なことには果敢に挑む気持ちの所有程度.	1. 仕事の改良改善に対する努力はどうか. 2. 会議での発言，質問は活発かどうか.	9 8 7 6 5 3 1
4	実行力	仕事を正確・迅速・積極的に遂行する能力の所有程度.	1. 実行に移す決断力は素早いか. 2. 指示どおりの行動が確実かどうか.	9 8 7 6 5 3 1
5	注意力	仕事を細心に配慮し遂行することのできる集中力の程度.	1. 仕事に手抜かりはないか. 2. 仕事にむら，むだ，むりはなかったか.	9 8 7 6 5 3 1
評定	所見		評価尺度	9 非常に優れている 8 かなり優れている（○） 7 優れている 6 やや優れている 5 普通 4 3 劣る 2 1 ○：評価位置
	職氏名		期間　自 平成　年　月　日 至 平成　年　月　日	

図 10·1　評定尺度法の例

の場合は簡単に実施することができるが，職場を異にする場合の位置づけが評定できない欠点がある．表 **10·1** は分析的順位法の一例を示したものである．

（2） 人物比較法

従業員の中から代表的人物を選び出し，その人物を判断尺度として全従業員の考課を進める方法である．この方法は評定者が多くいる場合，基準となる代表的人物を統一して正しく観察できるかどうかが問題となる．

（3） 照合法

評定者は，従業員の日常における仕事振りを評定項目を記入した考課表にチェックするだけで，あとは人事担当者が，あらかじめ与えられている評定点に基づいて整理集計する．

（4） 評定尺度法

考課項目の評定を一定の目盛の尺度上に示すもので，図 **10·1** のように評定法が比較的簡単なので，企業の人事考課に最も多く普及している．

（5） 多項目総合的考課法

従業員を全体的な観点からみて評定するもので，① 仕事振りはどうか，② 全体的にみて順位はどのくらいか，③ 従事している職務の要求を充分に満たしているか，などの要点をとらえて総合的にまとめる方式である．

（6） 自己申告制

本人が自身を評価し，所定の事項について申告する方式である．申告の内容は，① 過去の職歴，現在の職務，② 力を入れた仕事，苦心したこと，その成果，③ 職務遂行で必要と思われたこと，たとえば，知識，能力，態度など，④ 職務に対する自己能力の活用程度，⑤ 能力発揮に適する仕事，⑥ その他，自己の性格，健康状態，特技，研究事項，取得資格，受講の教育訓練，などである．

自己申告制は，管理者や監督者のつくった人事考課とともに昇進や異動などに活用されるが，上役と部下との対話の資料としても利用することができる．

10·5 賃金管理

1. 賃金管理とは

雇用者が従業の労働に対して支払われる報酬のことを賃金といい，給与，給料，俸給などとも呼ばれ，各種の手当てや賞与なども含まれる．

すなわち賃金は，雇用者にとっては経費の一部となり，労働者にとっては生活を支える収入源である．この二つの面は，一方では賃金の負担を少なくしようとし，他方ではできるだけ高い賃金を得ようとして，利害が相反する．この相違を調和させるのが賃金管理である．

一般に賃金額の決まる要因は，① 企業の支払能力，② 従業員の生計費，③ 労働力の需要と供給の釣合い，④ 労働の質と量，⑤ 労使の交渉力，などが影響する．

2. 賃金管理の目的

賃金管理の目的は，広い意味では労使関係の相反する賃金の利害関係を調和させながら，企業の秩序と成長をはかることであるが，さらに具体的な事項をあげると，① 労働力を確保していく，② 労働意欲を活発にする，③ 賃金の支払いを適正にする，④ 労働力の質を向上する，⑤ 人間関係を円滑にする，⑥ 企業内の労使関係を安定にする，などがある．

3. 賃金体系と基本給

（1） 賃金体系

賃金がどのような要素から組み立てられているのか，その構成の明細を示したものを賃金体系という．わが国で行われている**賃金体系**は企業によっても異なるが，一般に表**10･2**に示すものが考えられている．

表10･2　賃金体系の一例

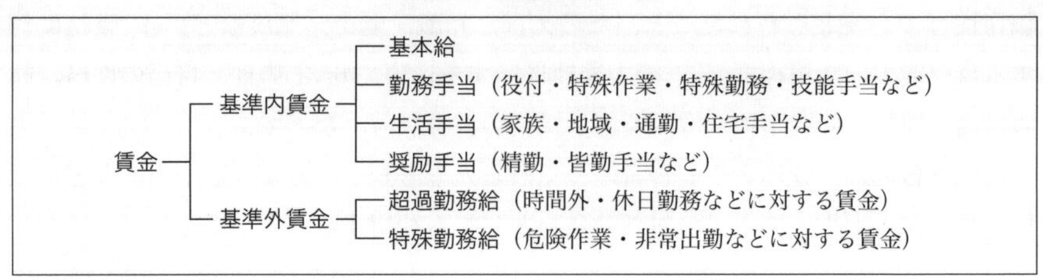

以上の賃金のほかに，特別給与として企業の収益に応じて支給される賞与，退職のとき在職中の功労に対して一時金として支払われる退職金などがある．

（2） 基本給

賃金体系の項目のうち**基本給**は賃金の中心となるもので，これによって賃金全体の性格や特徴がつくられる．基本給の決め方には次のようなものがある．

（a） **年功給**　学歴別に定められた初任給をもとにして，年齢，勤続年数が増加するにつれて昇給させていく賃金体系を**年功給**または**年功序列賃金**という．学歴と勤続年数の長短が賃金を決める大きな条件となるため，安定性はあるが人材活用の点で問題がある．

（b） **職務給** 企業における各職務の価値を相対的に比較して決める賃金で，同じ職務を担当する者は，その学歴・年齢・勤続年数の差にかかわらず同じ賃金を支払うという考え方に立っている．

したがって**職務給**は，まず職務の内容や責任の度合いを明らかにし，それらの価値を評価して，これをいくつかの等級に分類し，等級別に賃金を決定する．各等級の賃金は一定額の場合もあるが，各等級ごとに一定の賃金幅を設け，同じ等級内での昇給を考えたものもある．また，各等級の相互間で賃金の幅が重なることもある．図 **10･2** はこれらを図形で示したものである．

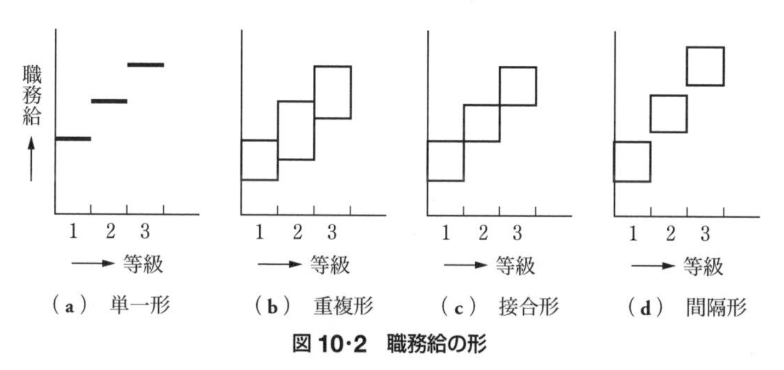

図 10･2 職務給の形

（c） **職能給** 従業員が職務を遂行する能力の種類と程度を基準として決める賃金で，実際にはその決め方に多少の幅がある．その主なものをあげると，① 職務別に一定の能力幅を設けた**職能給**（前記の賃金幅をもたせた職務給と同じ），②能力の序列をつくり，それに必要な能力の条件から従業員を格付けし，学歴や勤務年数などを考慮した一定の賃金と結びつける職能給，③ 類似の職種群（たとえば，作業職とか監督職）ごとに，その職務遂行に必要な能力の程度を表す職能等級を設定し，一定賃金と結びつける職能給，などがある．

わが国の基本給は一般に年功給を主体としてきたが，技術革新によって新たな時代へ進んでおり，これに対応できる賃金体系の確立が望まれている．

4. 賃金支払いの形態

賃金を支払うとき，その額を決めるための労働量の測定は，経過した労働時間によるか，仕事の能率によるかの二つが考えられる．したがって，賃金支払いの形態は，次に示す定額給制と能率給制の基本形に大別される.

（1） 定額給制

勤務した時間を基準にして賃金を支払う制度で，時間給，日給，週給，月給，年俸，日給月給などがある.

（2） 能率給制

労働の能率に応じて賃金を支払う制度で，請負制と利潤分配制がある．**請負制**は，労働量の成果に応じて賃金を算出する制度で，製品の出来高に応じて支払う出来高給制と，標準以上の仕事量に対して割増し金を支払う割増し給制とがある．**利潤分配制**は，労使の一定契約に基づいて，従業員に対して企業の利潤の一定割合を追加賃金として分配する制度である.

10·6 労使関係

1. 労使関係とは

経営者と労働者との関係を労使関係といい，労使関係と労資関係の二つの使い方がある．**労使関係**は生産の面で協力する経営者と従業員との関係であり，**労資関係**は経営者と労働組合との関係を表すことになる．ただし，日本における労働関係法規では「労使」の語が使われている.

企業を繁栄させるためには，労使が協力することが大切で，人間関係の重視については，すでに**1·4**節**2**項で述べたので，労使に関する労働法規について，次にその概要を示す.

2. 労働法規

わが国では，労使に関する基本的な法律として労働組合法，労働基準法および労働関係調整法を定めている．これらの法律を**労働三法**と呼んでいる.

（1） 労働組合法

この法律は，労働者が使用者と対等の立場に立って，労働条件をよくしたり，経済的な地位を高め，自主的に代表者を選出して労働組合を組織し，団結することを助けたり，労働協約を結ぶための団体交渉をすることなどを目的としている．その内容は，労働組合の性質，労働協約の効力，経営者の不当労働行為の禁止，労働委員会などについて定めている.

（a） **労働協約** 労働条件その他の労働者の待遇に関する基準について，労働組合と使用者または使用団体との間に締結される協定であって，この協定には法的効果を与えるため，両当事者の署名または記名押印を必要な条件としている．

（b） **不当労働行為** 使用者側が，労働者の団結権，団体交渉権，争議権，その他組合の正常な労働運動に対して行う妨害などの不当な行為をいう．

（c） **労働委員会** 労働組合の資格審査，不当労働行為の審査，労働争議のあっ旋，調停，仲裁などを行うために，労働組合法によって設立された行政機関をいい，労働者，使用者，公益の各同数代表委員で構成されている．

（2） **労働基準法**

労働者を保護するために労働条件の最低基準を定めた法律で，労働契約，賃金，労働時間，休憩，休日および年次有給休暇，安全および衛生，女子および年少者，技能者の養成，災害補償，就業規則，寄宿舎，監督機関などについて定めている．

（3） **労働関係調整法**

労使関係の公正な調整をはかり，労働争議の予防や解決方法について定めた法律で，労働関係当事者の自主的解決をもとにして，あっ旋，調停，仲裁，緊急調整などについて定めている．

3. 労働組合の組織と制度

わが国の労働組合は企業所別組合で，それらが寄り合って企業別連合体（企業連）が組織される．さらに，この企業連を基礎として産業別組合が組織され，これらの産業別組合を結合して全国中央組織ができている．

労働組合の制度としては，オープン ショップ，ユニオン ショップ，クローズド ショップなどがある．

① **オープン ショップ**（open shop） 労働組合の加入を労働者の意志に任せ，組合員でも非組合員でも，その企業の従業員としての資格が認められる制度．

② **ユニオン ショップ**（union shop） 原則として，雇用されてから一定期間後に必ず労働組合員として加入することを義務づけられている制度．

③ **クローズド ショップ**（closed shop） 全従業員が組合に加入し，組合員以外はその企業の従業員になれない制度．

わが国の労働組合はユニオン ショップを採用する企業が多く，オープン ショップがその次に採用されている．

11

工場会計

11·1　原価計算

1. 原価計算とは

原価は，製品の生産や販売のために消費した財貨や用役（サービス）を，製品の1単位当たりに計算した値である．ここで**財貨**とは，原材料，労働力，機械設備などをさす．すなわち，生産活動を貨幣価値で表したものであるから，原価によって生産能率の良否を判断することもできる．

原価を計算したり分析したりする手続きを**原価計算**という．原価計算を行う目的は次のとおりである．

① 適正な製品価格を決める基礎資料を求める．
② 生産方法を改善したり，原価を引き下げる資料とする．
③ 原価管理で用いる標準原価を決めるときの資料とする．
④ 経営管理の方針決定などで必要な原価情報を提供する．
⑤ 財政状態を明らかにする財務諸表に必要な資料を提供する．

ここで，財務諸表とは，一定期間における企業の経営成績や財政状態を計算・整理し，株主や金融機関などの利害関係者に報告するための会計報告書をいう．

2. 原価の構成

原価は各種の目的に用いられるため，その構成内容は，いろいろな観点から分けられる．その主なものをあげると，次のとおりである．

（1） 原価要素による構成

原価要素として考えられるものは，製品の生産に直接必要な材料費，労務費，および生産活動に必要な諸経費の三つの要素で，これらは工場において製品の製造に必要な原価であるために，**製造原価**または**工場原価**と呼んでいる．

これらの3要素をさらに細分すると，次に示すとおりである．

（a） **材料費** 原材料，部品，その他工場の消耗品，備品費などである．

（b） **労務費** 賃金に関する一切の費用である．

（c） **経費** （a），（b）以外のすべての費用である．

販売価格を形成する要素としては，以上の3要素のほかに，営業費，利益などが加わる．これを図示すると図**11·1**のようになる．

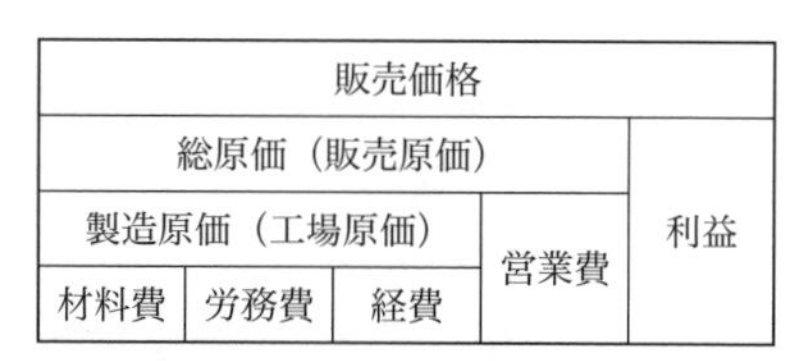

図 11·1 原価の構成

（2） **操業度との関係による構成**

操業度との関係の有無によって考えられるものに，固定費と変動費がある．

なお，操業度とは，企業における設備，労力，資材などの生産能力を利用する度合いをいい，一般には，基準となる生産量に対する実際の生産量の比率で表される．生産量の測定尺度には，生産の数量のほか，金額，作業時間，機械運転時間などが用いられる．

（a） **固定費** 操業度や生産量の増減には関係なく，ある期間において一定を保っている費用である．たとえば，賃借料，保険料，減価償却費，固定資産税などがある．

（b） **変動費** 操業度や生産量の増減によって変動する費用である．たとえば，材料費，旅費，消耗品費などがある．

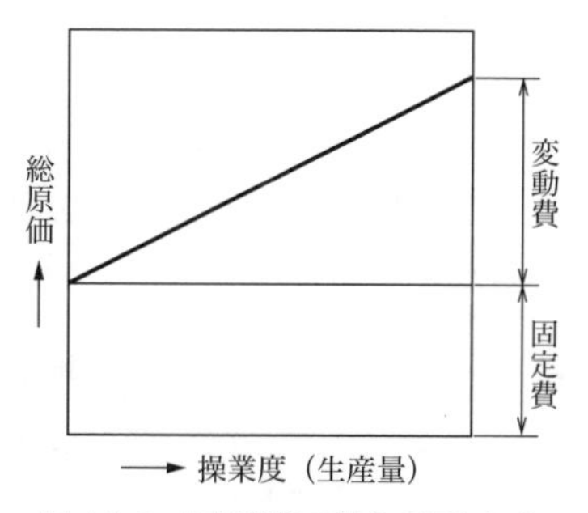

図 11·2 原価総額の場合の現われ方

以上の組合わせによる原価構成の特徴として，工場全体からみた原価総額の場合では，図**11·2**のように，操業度が増加するにつれて，固定費は一定であるが，変動費とともに総原価が増大している．この原価の現われ方は直接原価計算〔**3**項（**3**）の（**b**）参照〕の考え方の基本として活用されている．しかし，製品1単位当たりの場合は，図**11·3**のよう

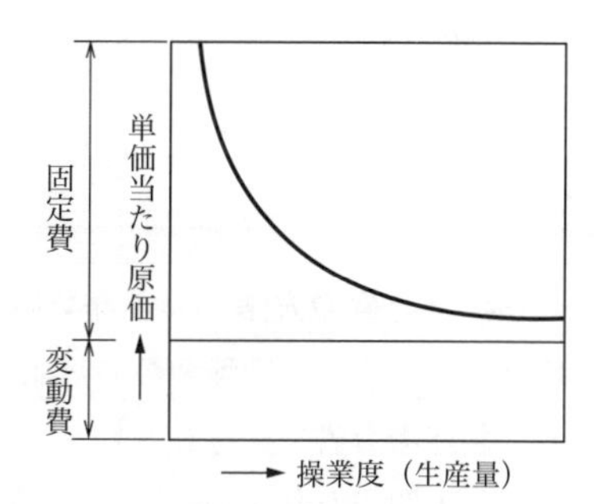

図 11·3 製品1単位当たりの場合の原価の現われ方

に，原価の現われ方が，原価総額の場合と互いに逆の状態になるので注意が必要である．

(3) 製品の使われ方による構成

製品に使われた分量が明らかか明らかでないかによって考えられるものに，直接費と間接費がある．

(a) **直接費**　ある製品のために消費されたことがはっきりとわかる原価をいう．たとえば，鉄橋，船舶，車輌などの鋼材費などである．

(b) **間接費**　いくつかの種類の製品に共通的に使われるため，製品ごとの区別ができない原価をいう．たとえば，工場の電気代や水道料などである．

製品原価を定めるときは，一定基準にしたがって各種の製品に分けなければならない．前記の材料費，労務費，経費のすべてにも，この直接費，間接費の区分が行われる．

3. 原価計算の種類

原価計算の種類は，利用の目的，条件の与え方などによって，いろいろに分けられる．その主なものをあげると，次のとおりである．

(1) 個別原価計算

製品ごとまたは注文ごとに原価を計算する方法で，多種少量の受注生産に多く用いられる．表11·1に示すように，原価を直接費と間接費に分けて計算する．

表11·1　個別原価計算の費目

製造原価	直接費	直接材料費	(素材費，購入部品費など)
		直接労務費	(直接に従事する作業員の賃金)
		直接経費	(外注加工費，特許権使用料，試験研究費など)
	間接費	間接材料費	(補助材料費，工場消耗品費，消耗工具備品費など)
		間接労務費	(管理者・事務員の給料，間接作業員の賃金など)
		間接経費	(減価償却費，厚生費，賃借料，修繕費，保険料，租税公課，旅費交通費，電気・ガス・水道料，通信費，運搬費など)

(a) **計算の方法**　大きな装置や設備などに対しては製品1個について原価計算を行う．また，同種多数の物品を同時に製造するときには，同品種を1ロットとして製造命令書を発行し，ロットを単位として原価計算を行い，これを出来高数で割って1個当たりの製品原価を計算する．

(b) **間接費の割付け法**　製品に対する費用の計算は，直接費の場合は容易であるが，間接費の場合はこれを製品に正確に割り合てることは非常にむずかしく，計算を複雑にすると費用がかかり，簡単にすると正確さがなくなる．したがって，製品との関係の程度に応じて割合を決め，できるだけ計算のしやすい方法を用いる．

製品に対する割付け法〔配賦（はいふ）法〕は，次のようなものがある．

（i） **金額を基準とするもの**

① **直接労務費基準法**　製品の生産に直接従事する作業者の賃金を基準にとる方法である．この方法は，機械の使用が少なく労働力が主力で，賃金額と生産量とがほとんど比例している場合に用いられる．

② **直接材料費基準法**　素材費，購入部品費など直接算定することが容易な材料費を基準にとる方法である．この方法の場合は材料の購入価格が，需要と供給の変動に影響されるから正確な基準とはいえないが，直接材料費の占める割合の大きい場合に用いる．

③ **直接費基準法**　直接材料費，直接労務費および直接経費の合計額を基準にとる方法である．この方法は，手続きが簡単なだけで，必ずしも適正基準とはいえない．

（ii） **時間を基準とするもの**

① **直接労働時間基準法**　製品の生産に直接関係のある労働時間を基準とする方法である．すなわち，ある製造部門で一定期間中にかかった間接費の総額を，直接労働の総時間数で割って，直接労働 1 時間当たりの間接費を求め，これに各製品の製造に要した直接労働時間を掛けて割付け額を求める．この方法は，必ずしも適正とはいえないが，多く用いられている．

② **機械時間基準法**　機械利用時間を基準とする方法である．すなわち，機械別に割付けられた間接費を，同じ期間中の総運転時間数で割って，これに各製品の機械利用時間数を掛けて割付け額を求める．この方法は，間接費中で減価償却費，運転費，修繕費などの占める割合の多い場合に用いられる．

（2） **総合原価計算**

一定期間に発生した製品全部の原価総額を算出し，これをその期間における製品の生産数量で割って，製品 1 単位当たりの原価を計算する方法で，同じ種類または少種類の製品を多量に連続生産する場合に用いられる．**総合原価計算**には表 **11·2** のような種類がある．

単純総合原価計算の場合では，1 工場 1 製品の生産であるから，個別生産に似て

表 11·2　総合原価計算の種類

種類	特徴	企業例
単純総合原価計算	1種類の製品だけを継続的に反復して生産する場合.	セメント業，紡績業，醸造業
等級別総合原価計算	同じ種類であるが形状，大きさ，品質などを異にするいくつかの製品を等級別に反復して連続生産する場合.	製鉄業
組別総合原価計算	種類や規格などの異なるいくつかの製品を組別に連続生産する場合.	電気機器
工程別総合原価計算	二つ以上の区分できる工程を通って連続生産する場合.	機械加工業
連産品総合原価計算	同じ材料，工程で異種製品を連続生産する場合.	石油産業，ガス製造業

いるが，計算の区切りが，総合原価の場合は期間別であり，個別原価の場合はロット別である．したがって，個別計算では各費目ごとにすべてを細かく算出する必要があるが，総合計算では，その期間における製造原価の総計がわかればよいことになる．ただし，連続生産を途中で区切るから，製品によっては仕掛品がでることがあるので，その場合はその期間に発生した総原価を製品原価と仕掛品原価に分けて処理する手続きが必要である．

なお，仕掛品原価は直接には計算できないので，まず仕掛品の原価評価を行って，期首，期末の仕掛品数量を完成品に換算し，次式によって製品1単位当たりの原価を計算する．

$$\text{製品1単位当たりの原価} = \frac{\text{期首仕掛品残高}+\text{当期製造原価}-\text{期末仕掛品残高}}{\text{当期完成品数量}}$$

（3）　その他の原価計算

（a）　事前・事後原価計算

①　**見積原価計算**　製品の製造を始める前に，予想される原価を見積もる方法.

②　**標準原価計算**　製品の製造を始める前に，科学的，統計的な調査に基づいて，標準となる原価を定める方法.

③　**実際原価計算**　製品の製造により実際に発生した原価を計算する方法.

以上を時期によって分類すると，①と②を事前原価計算といい，③を事後原価計算という．これらは，その差異を分析して改善対策の資料とすることができる．

（b）　直接原価計算　原価を固定費と変動費とに分け，製品原価を変動費だけで算定する方法である．図 **11·4** および図 **11·2** に示すように，変動費と純利益が売上高に比例し，操業度と原価との関係が明らかになるので，長期計画には不適であるが，原価の引き下げや利益計画などに適している．

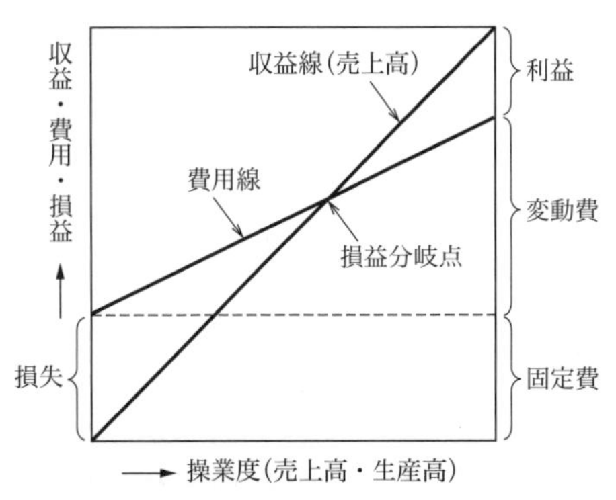

図 11·4　売上高と変動費・利益との関係（損益分岐図表）

（c）**部門別原価計算**　製品の原価を決める前に，企業内の各関係部門において消費した費用を集計する方法で，管理部門（労務・資材・企画・設計・研究・試験・事務など），製造部門，補助部門（動力・修繕・用水・工具・運搬・検査など）の部門ごとに原価を計算する．外注の要・不要または各部門に対する管理の資料などに用いられる．

11·2 減価償却

1. 減価償却とは

資本に相応する財産を資産といい，工場における建物や機械・設備を固定資産という．この固定資産は年月がたったり使用していくうちに，しだいにそのはたらきが衰え，あるいは旧式になって経済的な価値を失う．この価値を失っていくことを**減価**という．

減価は，企業を運営していくために生ずる損失であり，あるいは経費とも考えられるから，その額は製造原価の一部として回収しなければならない．また，正しく資産を表すには，減価していく資産を帳簿から差し引いていくことが必要である．減価に相当する費用を会計期間ごとに固定資産の帳簿価格から差し引き，損金の額に繰り入れる会計上の手続きを**減価償却**という．

減価償却費（depreciation，amortization）は，設備，ソフトウェア等の価値の減少額が，一定期間にわたり原価を構成する費用要素（減価）として計上された費用の総称である．設備やソフトウェア等の価値は，劣化または陳腐化に伴って減少する．近年は，生産技術の進歩が急速に進み，機械や設備が高級化して価格も高くなり，原価に占める減価償却費の割合がしだいに大きくなっている．

2. 減価償却の方法

減価償却の方法はいろいろあるが，税法上で定められているものに，次に示す定額法と定率法とがある．ただし，資産の取得価格（買ったときの値段）をC，残存価格（売るときの値段）をS，耐用年数をnとする．

耐用年数とは，機械や設備などの固定資産が使用に耐える年数をいい，物理的，経済的，法的からみた耐用年数がある．一般に企業では，物理的，経済的の両面を取り入れた法的規定を基準として耐用年数を定めている．

（1） 定額法

毎期末に償却されていない残高から一定の額を償却していく方法で，毎期の減価償却額Dは次の式で表される．

$$D=\frac{C-S}{n} \tag{11·1}$$

（2） 定率法

毎期末の償却されていない残高に一定率を掛けて償却額を算出し償却額をしだいに減少させていく方法で，償却率iは次の式で表される．

$$i=1-\sqrt[n]{\frac{S}{C}} \tag{11·2}$$

第1期の未償却残高は，$C(1-i)$，第2期は$C(1-i)^2$，n期末の未償却残高は$C(1-i)^n$となり，$C(1-i)^n=S$となる．この式から（**11·2**）式が求められる．

減価償却を要する固定資産には，有形固定資産（土地，建物，設備，機械など）と無形固定資産（特許権，地上権など）とがあるが，一般に有形資産の場合は定額法または定率法，無形資産の場合は定額法を適用する．

〔**例題 11·1**〕 1台1000万円で工作機械を購入し，耐用年数10年，残存価格を110万円と見積った場合，減価償却費を定額法と定率法により求める．

① 定額法の場合

（**11·1**）式より，

$$D=\frac{C-S}{n}=\frac{1000-110}{10}=89$$

したがって，償却費は各年度とも89万円となるから，10年後には89×

10＝890万円，これに残存価格の110万円を加えれば，購入価と同額の1000万円となる．

② **定率法の場合**

（**11･2**）式より，

$$i = 1 - \sqrt[n]{\frac{S}{C}} = 1 - \sqrt[10]{\frac{110}{1000}} = 0.198$$

したがって，各年度末の償却費の計算法を初年度末から4年度末まで示すと，次のとおりである．なお，5年度からの計算も同様な方法で求めることができる．

初年度末　$1000 \times 0.198 = 198$ 万円

2年度末　$1000 \times (1 - 0.198) \times 0.198 = 159$ 万円

3年度末　$1000 \times (1 - 0.198)^2 \times 0.198 = 127$ 万円

4年度末　$1000 \times (1 - 0.198)^3 \times 0.198 = 102$ 万円

表 11･3　定額法・定率法による償却額（単位：万円）

方法／年度	定額法			定率法		
	償却額	償却累計	帳簿価格	償却額	償却累計	帳簿価格
1	89	89	911	198	198	802
2	89	178	822	159	357	643
3	89	267	733	127	484	516
4	89	356	644	102	586	414
5	89	445	555	82	668	332
6	89	534	466	66	734	266
7	89	623	377	53	787	213
8	89	712	288	42	829	171
9	89	801	199	34	863	137
10	89	890	110	27	890	110

表**11･3**は，初年度末から10年度末までの償却額と帳簿価格を，定額法と定率法で示したものである．

11･3　原価管理

1. 原価管理とは

原価管理とは，原価計算の資料などに基づき，合理的な原価の低減をはかることを目的とした管理活動をいう．各種の手法があるが，通常は原価を要素別に分けて標準を設定し，実際に発生した原価と比較して，その違いを管理する．

たとえば，現場における実際的な管理活動の問題として，作業時の未熟による仕損じを少なくすること，加工していない機械の空運転を止めること，材料の保管状態の不良によるムダな消耗をなくすことなどの改善措置をとることで，これらの管理活動によって，実際に発生する原価を標準に近づけることができる．

2. 原価管理の方法

一般に標準を設定するには標準原価を使用する．**標準原価**とは，製品の製造に要する材料や作業時間などの消費量を，製造に先立って科学的，統計的に測定し，これを貨幣価値に換算して求めた原価である．

標準原価は直接費と間接費に分け，次のように算出する．

標準直接材料費＝標準価格×標準消費量

標準直接労務費＝標準賃率×標準作業時間

標準間接費＝標準操業度の場合の間接費

原価管理の手順をあげると，おおよそ次のとおりになる．

① 標準原価を各製品単位や各管理部門ごとに設定する．

② 各部門の管理責任者に標準原価を示し，活動目標として割り当てる．

③ 各管理者は，実績を標準に近づけるように，生産活動の指揮をとる．

④ 適当な期間をおいて，原価計算部門で実績を計算する．

⑤ 標準と実績とを比較して，その違いを分析して原因を明らかにする．

⑥ 分析結果をもとにして適切な改善措置をとり，今後の標準設定や合理的な管理を行う資料とする．

11章 | 演習問題

11·1 1台2000万円で新しい設備を購入し，耐用年数を10年とし，残存価格を200万円と見積もった場合，減価償却費を定額法と定率法により求めよ．

12

情報処理

企業の規模がしだいに大きくなり組織が複雑化してくると，企業活動に伴う情報の円滑な伝達に大きな影響を及ぼす．この複雑化した情報を正確に早く処理するには，動作速度の早い大規模集積回路（LSI）を組み合わせて実用化したコンピュータ（電子計算機：electronic computer）が用いられる．

12·1　コンピュータの構成

コンピュータは人間の能力を拡大しようとして考え出されたもので，そのはたらきも人間とよく似ている．人間は目，耳などを使って外部から情報を取り入れ，脳神経系によって記憶，判断，制御を行い，手，口などを通して情報を外部へ伝える．コンピュータも，多くの情報を取り入れて記憶し，記憶したものを調べて探す（**検索**という）．さらに判断したり，複雑な計算を行ったりして，外部に伝える．このような処理を迅速かつ正確に行うことができる．

すなわち，コンピュータの構成は，図 **12·1** に示すように，大きく分けると入力，記憶，演算，制御，出力の五つの装置からできている．

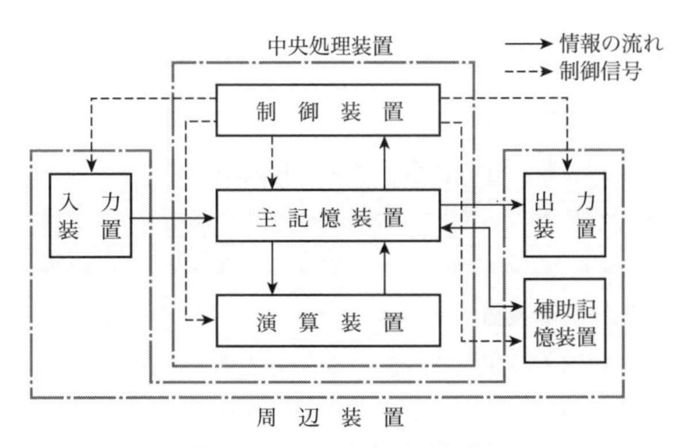

図 12·1　コンピュータのしくみ

一般的には，演算装置と制御装置からなるものを**中央処理装置**（central processing unit：CPU）

といい，小型のコンピュータでは記憶装置を中央処理装置に含ませているものもある．

各装置の働きを示すと次のとおりである．

1. 入力装置

制御装置からの指令を受けて，データやプログラム（処理の手順）を記憶装置に読み取る装置で，主として文字を入力するキーボード，光学式読取り機（OCR），図形用のマウス，タブレット，画像用のイメージ スキャナなどがある．

2. 出力装置

制御装置から指令を受けて処理の結果などを表示する装置で，記憶の内容を紙面に記録する印刷装置（プリンタ），図形やグラフを描く作図装置（プロッタ）があり，記録の残らない出力形式では，モニタ表示装置（ディスプレイ），人工的に合成した音声で応答内容を出力する音声応答装置などがある．なおプロッタや大型プリンタは，設計製図での自動製図用の出力装置として利用される．

3. 主記憶装置（主メモリ）

入力装置で読み取ったデータやプログラムあるいは演算の結果を記憶する装置である．情報を格納する記憶媒体にはLSIが用いられている．

一辺が数ミリ角の基板に，トランジスタや抵抗器などのはたらきをする多くの素子を植え込んだものを**IC**（集積回路）といい，その素子の集積の数が1000個以上のものを**LSI**（large scale integration circuit：大規模集積回路）という．また，素子の数が10万個をこえたものを超LSIという．

4. 演算装置

制御装置からの指令と主記憶装置からの情報を受けて，四則演算や論理演算などを行う装置である．

5. 制御装置

記憶装置に記憶されているプログラムを取り出して，その内容を解読し，他の各装置に制御信号を出して指令する装置である．

図**12･1**にも示してあるように，中央処理装置に組み込まれていない記憶装置を，

主記憶装置に対して**補助記憶装置**といい，磁気テープ，磁気ディスクおよび光ディスクなどが用いられている．また，入力装置，出力装置，補助記憶装置などを**周辺装置**という．主記憶装置と各種の周辺装置へのデータのやりとりは，**インタフェース**（interface：接続機構）を通じて行われる．

このようなコンピュータの装置や機器自体をさして**ハードウェア**（hardware）と呼ぶ．この呼び方に対して，装置の利用プログラムのことを**ソフトウェア**（software）という．

12·2 情報処理のしくみ

1. 2進法

コンピュータの情報処理法の基本的な考え方には，電流の流れる場合と流れない場合の二つの状態が用いられている．電気の流れる場合を1，流れない場合を0として表せば，電気回路中の信号を0と1で表すことができる．この場合のように，2個の数字0と1を用いて数を表す方法を**2進法**という．

（1） 2進数

2進法で表された数を2進数といい，一般に用いられている10進法の数（10進数）との関係は表**12·1**のように表される．

表12·1 2進数と10進数

10進数	0	1	2	3	4	5	6	7	8	9	10	11	12
2進数	0	1	10	11	100	101	110	111	1000	1001	1010	1011	1100

10進法の加算では，$9+1=10$というように，1けた（桁）の数字が9をこえると，けた上がりして10という数字になる．$1+1$は10進法では2となるが，2進法では，1けたの数字が1をこえるから，けた上がりして10という2進数で表されることになる．すなわち，3は$10+1=11$，4は2けたともけた上がりして$11+1=100$となる．つまり，10進数の4は2進数では100で表される．

10進数と2進数との各けたの示す値の大きさを，指数を用

表12·2 2進数と10進数との各けたの値の比較

けたの位置	1000の位	100の位	10の位	1の位
10進数	$1000=10^3$	$100=10^2$	$10=10^1$	$1=10^0$
2進数	$8=2^3$	$4=2^2$	$2=2^1$	$1=2^0$

いて比べてみると，表 **12･2** のようになる．

（a） 2進数を10進数に直す方法 一般に用いられている10進法は，表 **12･2** にも示したように，数字の位置によって位どりを表している．たとえば，123という10進数は次のような意味をもっている．

$$\begin{array}{c}1\ 2\ 3\\ \downarrow\\ \boxed{1}\times 10^2+\boxed{2}\times 10^1+\boxed{3}\times 10^0\end{array}$$

同様な考え方から，2進数1011を10進数で表すと，次のようになる．

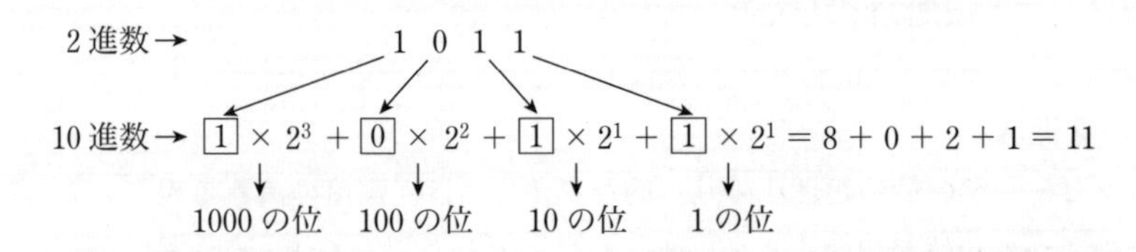

（b） 10進数を2進数に直す方法 10進数を2進数に直すには，10進数を2で割り，さらにその商を2で割ってそれぞれ余りを求める．この計算を商が0になるまで順次に行い，その余りの並びを逆順に読めば2進数を求めることができる．たとえば，10進数の28を2進数に変換するには表 **12･3** のようにして求める．

表 12･3　10進数を2進数に直す計算法

2で割る	商	余り	
$\frac{28}{2}$	14	0	最上位数
$\frac{14}{2}$	7	0	
$\frac{7}{2}$	3	1	
$\frac{3}{2}$	1	1	
$\frac{1}{2}$	0	1	最下位数
		2進数	1 1 1 0 0

すなわち，答は$〔28〕_{10}=〔11100〕_2$である．この答が正しいかどうかを逆変換によって調べてみると，次のとおりである．

$$\boxed{1}\times 2^4+\boxed{1}\times 2^3+\boxed{1}\times 2^2+\boxed{0}\times 2^1+\boxed{0}\times 2^0=16+8+4+0+0=〔28〕_{10}$$

2進数と10進数とを数字の数から比較すると，2進数の数の方がはるかに多くなるが，2進数は0と1だけで表せるので，数の扱い方は簡単である．

たとえば，電球がついているか (1)，消えているか (0)，回路中の電気信号が

ON（オン）か（1），OFF（オフ）か（0）など，電気関係のものでは，スイッチの点滅だけで表すことができる．

（2）四則演算

2 進数で四則演算を行うには加算が基礎となるが，10 進法と同じような考え方で計算できる．

（a）加算　次の四つの場合の組合わせによって計算すればよい．

A＋B の計算　① 0＋0＝0，② 0＋1＝1，

③ 1＋0＝1，④ 1＋1＝10

④ の場合は，足して 2 になると上のけたへ 1 がくり上がり，1 けた目は 0 となる．

表 12·4　2 進数の加算

A	B	A＋B
0	0	0
0	1	1
1	0	1
1	1	1 0

↑ けた上がり数字

以上を表にすると，表 **12·4** のとおりになる．これらの計算方法に基づいて，次の例題による 2 進数の加算とその検算を行ってみよう．

〔例 1〕

$$\begin{array}{r} 00101 \\ +\ 10010 \\ \hline 10111 \end{array} \quad \left[\begin{array}{r} 5 \\ +18 \\ \hline 23 \end{array}\right]_{10}$$

（検算）2 進数を 10 進数に直すと，次のとおりである．

$$00101 \rightarrow 0\times2^4+0\times2^3+1\times2^2+0\times2^1+0\times2^0 =0+0+4+0+1=5$$

$$10010 \rightarrow 1\times2^4+0\times2^3+0\times2^2+1\times2^1+0\times2^0 =16+0+0+2+0=18$$

$$10111 \rightarrow 1\times2^4+0\times2^3+1\times2^2+1\times2^1+1\times2^0 =16+0+4+2+1=23$$

〔例 2〕

$$\begin{array}{r} 1100100 \\ +\ 1011100 \\ \hline 11000000 \end{array} \quad \left[\begin{array}{r} 100 \\ +\ 92 \\ \hline 192 \end{array}\right]_{10}$$

（検算）

$$1100100 \rightarrow 1\times2^6+1\times2^5+0\times2^4+0\times2^3+1\times2^2 +0\times2^1+0\times2^0 =64+32+0+0+4+0+0=100$$

$$1011100 \rightarrow 1\times2^6+0\times2^5+1\times2^4+1\times2^3+1\times2^2 +0\times2^1+0\times2^0 =64+0+16+8+4+0+0=92$$

$$11000000 \rightarrow 1\times2^7+1\times2^6+0\times2^5+0\times2^4+0\times2^3 +0\times2^2+0\times2^1+0\times2^0 =128+64+0+0+0+0+0+0=192$$

（b）減算　減算は補数を使う場合と上位のけたより借りる場合とがある．ここで**補数**とは，与えられた数をある特定の数から引いた値をいう．2 進数では，各け

たの数を反転した値およびその最下位のけたに1を加えた値に当たる．〔例〕特定の数を111，1000とすれば，101の補数は010と011である．この場合，010を**1の補数**，011を**2の補数**と呼んで区別する．

（i） **補数を用いる場合** **減算**は，次の〔例1〕に示すように，減数（差し引く数）を1の補数に直して被減数（引かれる数）に加え，さらに1を加算すればよい．また，被減数よりも減数の値が大きいときは〔例2〕による．

〔例1〕

```
  10110                 10110   ( 22)
 -01010  ──────→       +10101   (-10)
         (1の補数)     101011   ( 12)10
                       ⌣
                       └────→ 1 ……けた上がりの1を加える．
                       ──────
                        01100 ……答
```

〔例2〕

```
  11100                 11100   ( 28)
 -11110  ──────→       +00001   (-30)
         (1の補数)      11101…  (- 2)10
                        ⌣       :
                        ↑       ……㋑
                      -00010 ……答
```

（けた上がりがない場合，答は負数となり，㋑の補数に負の符号をつけた値が答となる．）

（ii） **上位のけたより借りる場合**

〔被減数が0のときの計算法〕

〔10進法〕

```
  10     100
 - 1    -  1
 ───    ────
   9 ,    99
```

（上位のけたから1を借りる．この1は下位のけたでは10に相当する．）

〔2進法〕

```
  10     100
 - 1    -  1
 ───    ────
   1 ,    11
```

（上位のけたから1を借りる．この1は下位のけたでは2に相当する．）

〔例3〕

```
  1010111   ( 87)
 -0110101   (-53)
 ────────   ─────
  0100010   ( 34)10
```

（c） **乗算** 次の四つの場合の組合わせにより計算する．

A×Bの計算 ① 0×0＝0，② 0×1＝1，
③ 1×0＝0，④ 1×1＝1

以上を表にして示すと，表12･5のとおりになる．

表12･5 2進数の乗算

A	B	A×B
0	0	0
0	1	0
1	0	0
1	1	1

〔例 1〕

$$\begin{array}{r} 1011 \\ \times\quad 101 \\ \hline 1011 \\ 0000 \\ 1011 \\ \hline 110111 \end{array} \quad \left[\begin{array}{r} 11 \\ \times\ 5 \\ \hline 55 \end{array}\right]_{10}$$

〔例 2〕

$$\begin{array}{r} 11010 \\ \times\quad 101 \\ \hline 11010 \\ 00000 \\ 11010 \\ \hline 10000010 \end{array} \quad \left[\begin{array}{r} 26 \\ \times\ 5 \\ \hline 130 \end{array}\right]_{10}$$

（**d**）　**除算**　10 進法の除算のやり方と同じように，順次に被除数から除数を減じていく．

〔例 1〕

$$\begin{array}{r} 101 \\ 101\,\overline{)\,11001} \\ -\ 101 \\ \hline 00101 \\ 101 \\ \hline 0 \end{array} \quad \left[\begin{array}{r} 5 \\ 5\,\overline{)\,25} \\ 25 \\ \hline 0 \end{array}\right]_{10}$$

〔例 2〕

$$\begin{array}{r} 1100 \\ 110\,\overline{)\,1001000} \\ -\ 110 \\ \hline 00110 \\ -\ 110 \\ \hline 0 \end{array} \quad \left[\begin{array}{r} 12 \\ 6\,\overline{)\,72} \\ 6 \\ \hline 12 \\ 12 \\ \hline 0 \end{array}\right]_{10}$$

2.　論理回路

コンピュータが 2 進法によって情報の制御や演算を行うには，スイッチ作用を利用した論理回路が用いられる．論理回路とは，思考の道すじを組み込んだ電気回路のことで，人間の頭脳に相当するものである．

論理回路に流れる電流を制御するための基本となる回路として，AND（アンド）回路，OR（オア）回路，NOT（ノット）回路がある．AND は乗算に似ているので論理積，OR は加算に似ているので論理和ともいい，NOT は否定を意味する．

（1）　AND 回路

図 **12·2** に示すように，スイッチ A と B を直列につないだ回路で，A と B が両方とも閉じているときだけ，ランプ C に電流が流れる．いま，スイッチが閉じて

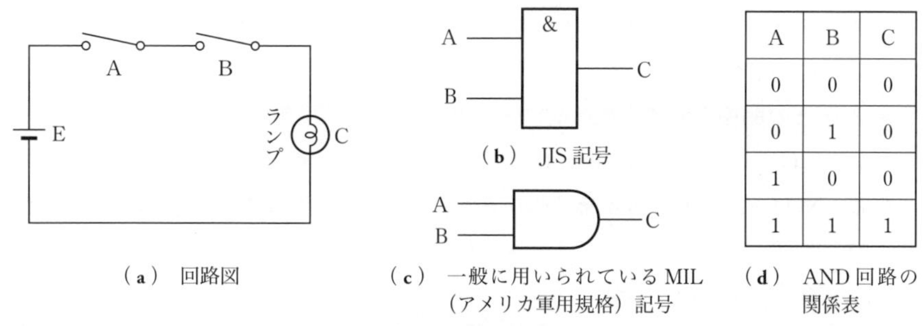

A	B	C
0	0	0
0	1	0
1	0	0
1	1	1

（**a**）　回路図

（**b**）　JIS 記号

（**c**）　一般に用いられている MIL（アメリカ軍用規格）記号

（**d**）　AND 回路の関係表

図 12·2　AND 回路

いる状態を1，開いている状態を0，Cに電流が流れてランプが点灯している状態を1，ランプが消えている状態を0で表すと，その関係は（**d**）表のようになる．

A，BおよびCとの関係を式で表すと次のとおりである．

$$C = A \cdot B \quad (0 \cdot 0 = 0,\ 0 \cdot 1 = 0,\ 1 \cdot 0 = 0,\ 1 \cdot 1 = 1)$$

（2） OR回路

図**12·3**に示すように，スイッチA，Bを並列につないだ回路で，A，Bのうち少なくとも一方が閉じていれば，電流が流れてランプCが点灯する．

A，BおよびCとの関係を式で表すと次のとおりである．

$$C = A + B \quad (0 + 0 = 0,\ 0 + 1 = 1,\ 1 + 0 = 1,\ 1 + 1 = 1)$$

ここで，“＋”はOR（または）を意味するものであるから，上の行の（　）の中の1＋1＝1という演算は，通常の加算とは相違している．すなわち，同じ回路にある二つのスイッチを，2人が同時に閉じた場合，（1＋1）でも電球は一つなので，ランプCの点灯は1となることを表している．

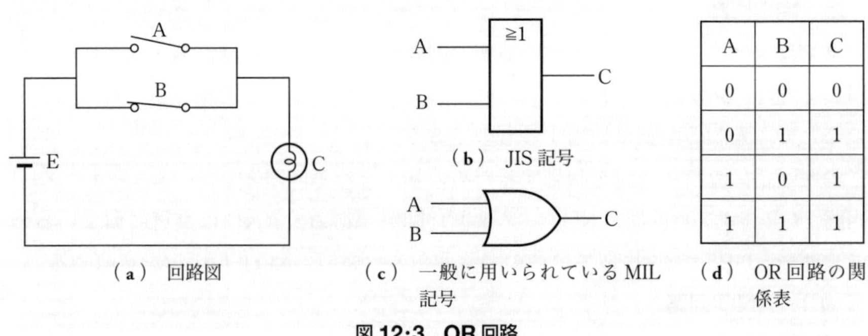

A	B	C
0	0	0
0	1	1
1	0	1
1	1	1

（**a**） 回路図　（**b**） JIS記号　（**c**） 一般に用いられているMIL記号　（**d**） OR回路の関係表

図12·3 OR回路

（3） NOT回路

図**12·4**に示すように，スイッチAを閉じると，上方の回路中の電磁石がはたらいてスイッチBを開く．Aを開くとスイッチBは閉じ，下方の回路に電流が流れてランプCが点灯する．

AとCとの関係を式で表すと次のとおりである．

$$C = \overline{A} \quad (\overline{1} = 0,\ \overline{0} = 1)$$

なお，NOT AはAの否定を意味するが，これを記号で表すには，$\overline{A}$，A′など，文字の上にバーまたは右上にダッシュを付けて区別する．

（4） 論理回路の組合わせ

三つの基本回路AND，OR，NOTをもとに，いろいろな論理回路が組み立てら

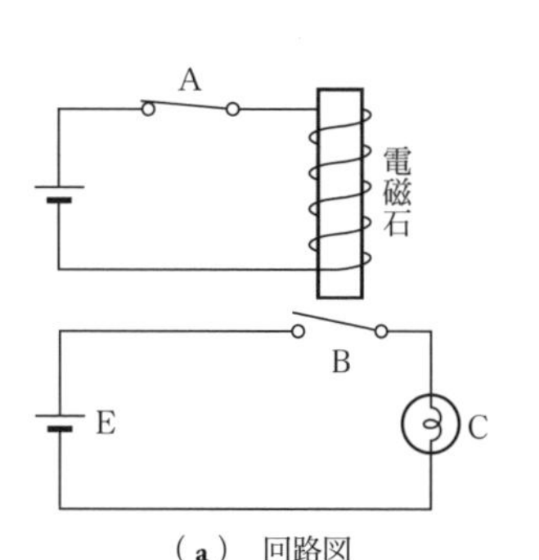

（a）　回路図

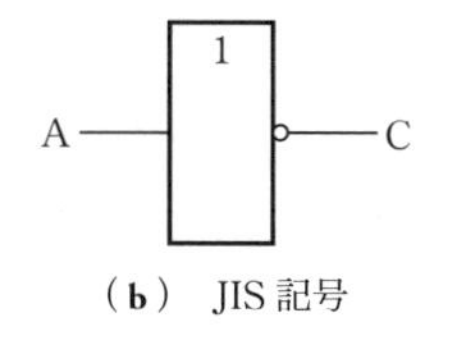

（b）　JIS 記号

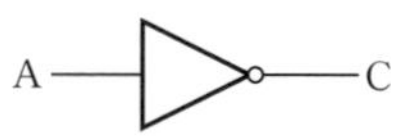

（c）　一般に用いられている MIL 記号

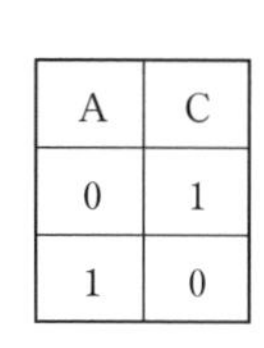

A	C
0	1
1	0

（d）　NOT 回路の関係表

図 12·4　NOT 回路

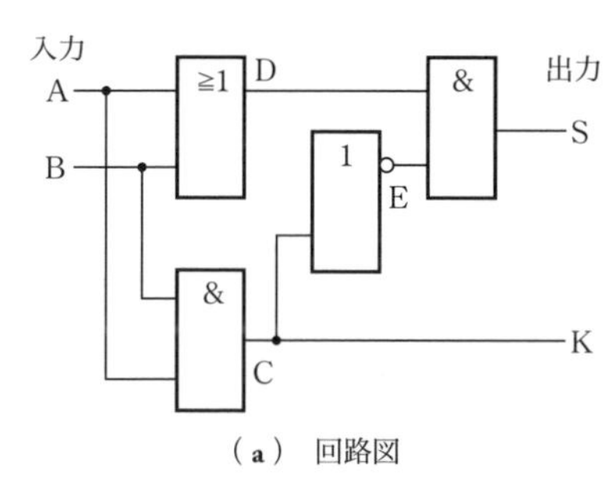

（a）　回路図

入力		C	D	E	出力	
A	B				S	K
0	0	0	0	1	0	0
0	1	0	1	1	1	0
1	0	0	1	1	1	0
1	1	1	1	0	0	1

（b）　入力と出力の関係

図 12·5　半加算器

れるので，それらをコンピュータに利用することができる．論理活動の重要なものの一つに演算があるが，図 **12·5**（**a**）は**半加算器**と呼ばれる回路を示している．AND，OR，NOT の三つの基本回路から組み立てられ，演算回路の基礎となるもので，回路の A，B の和を S，けた上がりを K とすれば，2 進数の 1 けたの加算ができる．

この入力 A，B と出力 S，K の関係を，途中の C，D，E なども含めて表にまとめたものが，同図（**b**）の表である．

完全な加算を行うには，下のけたからくるけた上がりも処理しなければならないので，三つの入力が必要になる．これを**全加算器**といい，その構成は図 **12·6** に示すとおりである．

この加算器を用いて A＋B＝5＋7＝12 の 10 進数の加算を行ってみる．すなわち，この 10 進数を 2 進数になおすと，101＋111＝1100 であり，加算器による計算手順は図 **12·7** のようになる．

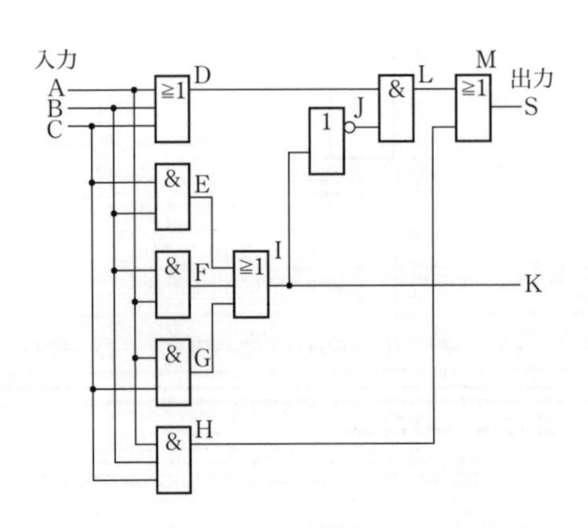

（a） 回路図

入力			出力	
A	B	C	S	K
0	0	0	0	0
0	0	1	1	0
0	1	0	1	0
0	1	1	0	1
1	0	0	1	0
1	0	1	0	1
1	1	0	0	1
1	1	1	1	1

〔注〕 C：下のけたからのけた上がり．
K：上のけたへのけた上がり．

（b） 入力と出力の関係

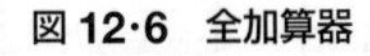
図 12·6　全加算器

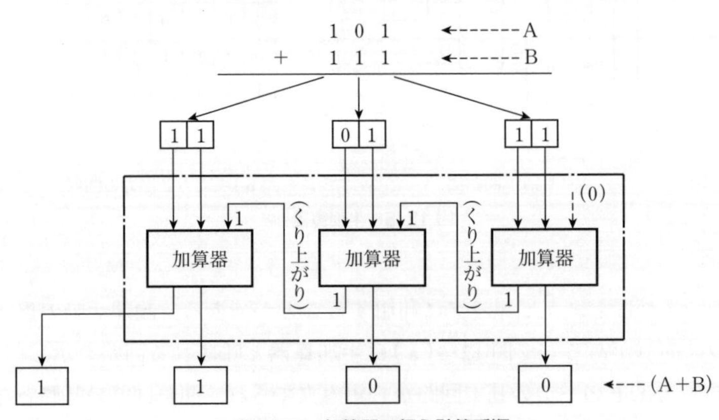

図 12·7　加算器で行う計算手順

3. ビット

2進法の0か1かの1けたを決める情報を**ビット**(bit) という．1か0かはYESかNOかに置き換えて考えてもよく，これは情報の最小単位を意味する．

1ビットでは，0，1のように二つの状態しか区別できないが，2ビットでは，(0,0)，(0,1)，(1,0)，(1,1) のように四つの状態に分けられ，さらに3

表 12·6　ビット

<table>
<tr><th>1ビット</th><th>2ビット</th><th>3ビット</th></tr>
<tr><td rowspan="4">(0)</td><td rowspan="2">(00)</td><td>(000)</td></tr>
<tr><td>(001)</td></tr>
<tr><td rowspan="2">(01)</td><td>(010)</td></tr>
<tr><td>(011)</td></tr>
<tr><td rowspan="4">(1)</td><td rowspan="2">(10)</td><td>(100)</td></tr>
<tr><td>(101)</td></tr>
<tr><td rowspan="2">(11)</td><td>(110)</td></tr>
<tr><td>(111)</td></tr>
</table>

ビットでは，表 **12·6** に示されるように八つの状態で表すことができる．すなわち，n ビットでは 2^n 個の状態で表すことがわかる．

コンピュータでは 1 文字を 8 ビットで表すことが多く，一般に 8 ビットを 1 バイト（byte）と呼び，$2^8=256$ 個の状態を表すことができる．

12·3　プログラミング

1.　プログラミングとは

コンピュータが演算や制御によって問題を解く場合に，これらの作業を命令するために必要な実行の手順を**プログラム**（program）といい，このプログラムをつくる作業を**プログラミング**（programming）という．プログラミングは，コンピュータに計算の手続きを指示するもので，非常に大切な仕事である．

2.　流れ図

コンピュータの処理手順を表すには，文章で書くよりも図式化したほうが一目でわかり，プログラムの内容をより明確にし，その誤りの有無を確認することもできる．

すなわち，図 **12·8** に示すような，一定の決められた記号（**JIS X 0121：1986** 参照）によって，プログラムの処理手順を表した図を**流れ図**または**フローチャート**

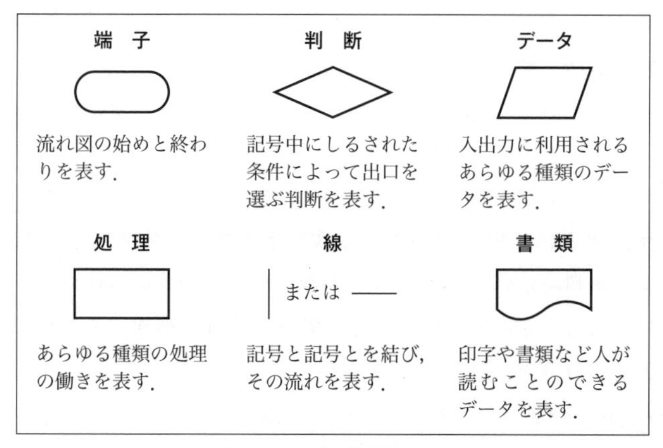

図 **12·8**　流れ図記号の例

(flowchart) という．

日常的な例として，横断歩道を渡るときの動作を分析し，流れ図を書いてみると，図 **12･9** のようになる．図において，各動作の流れる方向は，左から右へ，上から下へ進むのを原則とし，これ以外の方向を示す場合は流れ線の先端に矢印をつける．また，最初に信号を見て青が出ていないときには，ふたたび信号を見直して同じ動作を繰り返すことになるが，このような場合，繰り返しを表す処理を**ループ** (loop) という．

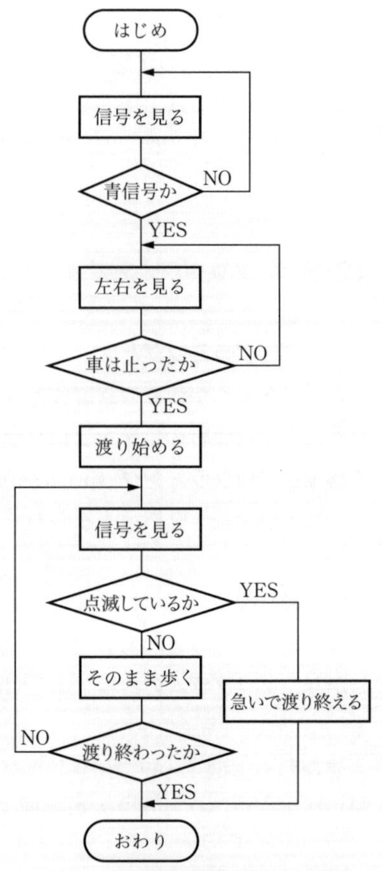

図 12･9　横断歩道を渡る場合の流れ図の例

3. プログラミングの手順

プログラムを作成するには，一般に次のような順序で行われる．

① **仕事の決定**　コンピュータで処理できる仕事の内容はいろいろなものがあり，その種類によって分析の手法が異なってくるので，まず，問題とする仕事の内容を明らかにする必要がある．

② **問題の分析・整理**　問題とする仕事を調査・分析して必要な情報を集め，コンピュータに何を処理させるのか，また，処理の効果は何かを明らかにし，処理される仕事をシステム化し，データの入力と出力の内容および処理の手順を決める．ここに，**システム化**とは仕事を規則正しく秩序ある状態にすることであって，コンピュータ自身が代表的なシステムなので，処理される仕事もシステムの状態にあることが必要条件になる．問題を処理し解決するための一連の手順を**アルゴリズム** (algorithm) という．

③ **流れ図の作成**　アルゴリズムを，図 **12･8** に示したような記号を用いて流れ図に表す．

④ **コーディング** 流れ図に示された処理手順を，プログラム言語で書き表すことを**コーディング**（coding）という．

⑤ **プログラムの記録** コーディングされたプログラム言語を，記憶媒体に，キーボード（けん盤）を用いて記録し，コンピュータに入力する．この作業を**データ エントリー**（data entry）という．

⑥ **プログラムの翻訳** 翻訳用のプログラムを用いて，コンピュータが理解できる機械語に変換することである．この翻訳プログラムは，使用するプログラム言語に応じて**アセンブラ**（assembler）とか，**コンパイラ**（compiler）と呼ばれ，この機械語への翻訳作業を**アセンブル**とか**コンパイル**という．翻訳するときプログラム言語に**文法上の誤り**があるときは，翻訳プログラムによって誤りのあることを教えてくれるので，コーディングを修正してコンパイルをやり直す．この作業を**デバッグ**（debug）と呼び，デバッグすることを**デバッギング**（debuging）という．

⑦ **プログラムのテスト** テスト データを用いて，プログラムを実際にコンピュータにかけ，正しい結果が得られるかどうかをテストする．この作業を**テスト ラン**（test run）という．その結果，期待どおりの出力が得られないときは，その原因を調べて，プログラムの不良箇所を探して修正する．この原因は，処理手順や解法の誤りにより生じ，この誤りを修正する作業もデバッグという．

プログラムの手順を流れ図で表すと図 **12·10** のようになる．

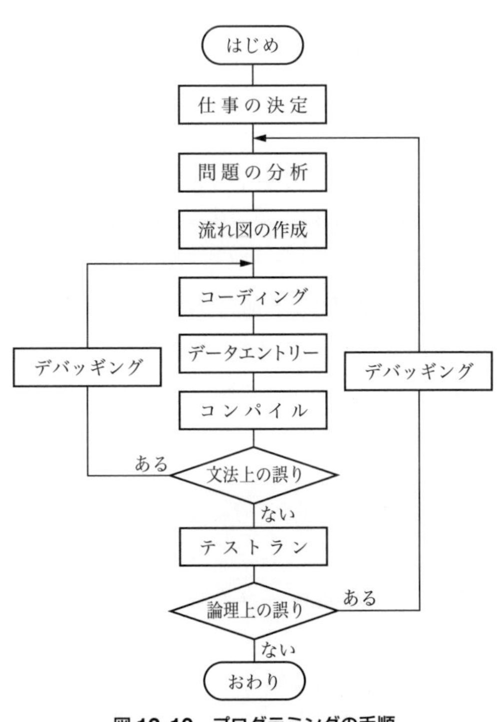

図 12·10 プログラミングの手順

4. プログラム言語

コンピュータが直接理解できるプログラム言語は機械語であるが，機械語は人間にとって非常にわかりにくく書きにくいために，これを補うものとして，機械語のほかに，人間の理解しやすい各種のプログラム言語が考え出されている．

（1） **機械語**（machine language）

コンピュータ自身が直接に使用する言語で，すべて0と1（2進法）により表現される．人間の理解されやすい各種のプログラム言語も，翻訳プログラムにより機械語に変換される．**機械語**の命令表示はコンピュータの機種により異なる．

（2） **アセンブラ言語**（assembler language）

最初に作られた機械語にもっとも近いプログラム言語で，命令や表示を頭文字や記号などの記述で行っている．メモリを節約するときなどに用いられる．

（3） **高級言語**（high level language）

より人間の言葉に近い形のプログラム言語で，次の三つに大別される．

（a） **コンパイラ言語**（compiler language）　プログラムを全部読み終ってからまとめて機械語に翻訳する言語で，文章や数式の形で表現され，プログラムの作成が容易である．科学計算用の**フォートラン**（FORTRAN），事務計算向きの**コボル**（COBOL），科学・事務両用の**ピーエルワン**（PL/1），多用途としてのC言語などがある．

（b） **インタプリティブ言語**（interpretive language）　1区切りずつ機械語に翻訳しながら実行を繰り返す対話型の言語で，その代表的なものに**ベーシック**（BASIC）がある．この言語の翻訳用プログラムを**インタプリタ**と呼ぶ．

（c） **オブジェクト指向プログラム言語**　コンピュータに対するデータや操作を容易にするための言語で，代表的なものに**Java**言語，C++などがある．Java言語は，一度コンパイラでバイトコードと呼ばれる中間コード言語に変換してから，それをJava VM（Java Virtual Machine）という処理系でインタプリティブ言語として実行する．

12･4 コンピュータの利用

1. 処理方式の種類

コンピュータは，大量のデータを記憶し，これを高速で処理することができるから，利用の範囲はますます拡大している．企業に例をとれば，設計，生産，販売，人事，財務などの全領域において，予測，計画，管理，演算などにその威力を発揮している．

コンピュータの利用方法をデータの処理方式から分類すると，バッチ処理とリアルタイム処理に分けられる．

（1）　**バッチ処理**（batch processing）

一括処理の意で，コンピュータで処理すべきデータを，記憶装置や記憶媒体に一定期間たくわえておき，一定量をまとめて処理する方式をいう．1日分を処理する日次バッチ，1か月分を処理する月次バッチなどがある．通信回路を使って行う場合を**リモート バッチ処理**（remote batch processing）という．

（2）　**リアル タイム処理**（real time processing）

即時処理の意で，端末装置から処理要求によってデータを入力すると，その時点で即座に計算処理を行い出力する方式をいう．この場合，遠隔地から通信回線を通して即時処理を行う方式を**オンライン リアル タイム処理**（on-line real time processing）といい，このような処理方式によるシステムを**オンライン リアル タイム システム**（on-line real time system）と呼ぶ．また，この方式に属するものとして，能力の高い大型コンピュータに多くの端末装置を結んで，多くの利用者が共同して使用するシステムを**タイム シェアリング システム**（time sharing system：TSS）という．

ここで**端末装置**とは，コンピュータの本体から離れた所に置かれた入出力装置をいい，通信回線を利用して本体と連絡し，情報の伝達や処理を行う．生産管理では，工場の各現場に置き，指令の伝達やデータ収集などに用いられる．

2.　オペレーティング システム（operating system：OS）

コンピュータ自身を効率よく操作できるように設計されたプログラムの集まりをいい，通常は単に**OS**と略称される．例にユニックス（UNIX），ウインドウズ（Windows），オーエスツー（OS/2），マック オーエス（macOS）などがある．

3.　アプリケーション プログラム（application program）

応用プログラムともいう．コンピュータの利用者が特定の業務を処理するためのプログラムをいい，次の2種類がある．

（1）　**ユーザ プログラム**（user program）コンピュータの利用者が自分の仕事

を処理するために，自分で開発してつくるプログラムをいい，外注することもある．使用目的によく合った処理ができるが，開発には専門技術と多くの時間や費用が必要となる．

（２） **パッケージ プログラム**（package program） 特定の用途のためにセットとして市販されている，いわば既製のプログラムをいい，一般には**アプリケーション パッケージ**（application package）とか**パッケージ ソフト**（package software）などと呼んでいる．情報を入力するだけで必要な結果が得られるので，利用価値は非常に大きい．その種類は多く，文書作成のワープロ ソフトをはじめ，一般会計，給与計算やデータ管理，グラフ作成などの統計分析のほか，CAD，**データベース***，日程管理，原価管理，オペレーションズ リサーチ（例：在庫管理，パート），通信ソフトなどのプログラムがある．

4. コンピュータ ネットワーク

（１） コンピュータ ネットワークとは

複数のコンピュータを通信回路でつなぎ，通信網（ネットワーク）を形成する情報伝達の通信システムを**コンピュータ ネットワーク**（computer network）といい，コンピュータに関することが明白なときは，単に**ネットワーク**と略称する．このネットワークの利用により，次のような効果が期待できる．

① ハードウェア，ソフトウェア，データベースなどのコンピュータ資源を共有化することができるから，重複投資を避けて経済性を高める．

② 一つのコンピュータに大きな負担があるときは，これを他のコンピュータに分散し，負担の平均化によって装置の巨大化を防ぎ，処理効果を高める．

③ 一つのコンピュータが故障しても他のコンピュータに切り替えて処理することができるから，システム全体の信頼性を高める．

（２） LAN

ローカル エリア ネットワーク（local area network）の略称で，構内情報通信網または企業内情報通信網と訳されている．同一の企業や事業所内におけるコンピュータや入出力装置などを相互に接続した私設回線のネットワークで，企業内情

---

* **データベース**（data base） 互いに関連のある多くのデータを集めて構造化し，各業務で共通に使用できるように補助記憶装置にまとめたもので，コンピュータによる情報の整理，検索，更新などを効果的に行うことができる．

報の伝送を行うとともに，外部の通信網にも接続できる．

その導入には，コンピュータ センターに設置された**ホスト コンピュータ**（host computer）に，端末装置としてオフコン，パソコン，ファックス，画像端末，音声端末，多目的端末などの各機器が備え付けられ，それぞれ通信回線によって接続されて情報の入出力が行われる．これらを結ぶ通信線には，LAN ケーブルのほか，高帯域伝送に好適な光ファイバが用いられる．

（3） **インターネット**（internet）

世界中に点在するネットワークを結ぶネットワークの集合体をいい，プロバイダや企業，大学，政府機関などの小さなネットワークが結ばれて形成されている．ここに，**プロバイダ**（provider）とは，個人のパソコンをインターネットに接続する際の仲介を行う会社をいう．

インターネットを利用すると，世界中の情報を入手したり，遠隔の人たちと電子による手紙のやり取り（**電子メール**：electronic mail）を行うことができる．

12·5 コンピュータの生産支援

1. FA（ファクトリー オートメーション）の構成要素

FA〔5·3 節 2 項（3）参照〕を構成する主な要素は，次のとおりである．

（1） **CAD**（computer aided design の略称）

コンピュータ支援設計と訳され，一般には**キャド**と呼ぶ．設計した図形情報をコンピュータに入力し，グラフィック画面に画像を表示し，コンピュータと対話しながら出力像に修正や変更を加え，自動製図機によって図面を完成させる．これをさらに数値化してデータベースに保存し，新規設計や図面・画像の修正などの資料として利用される．

（2） **CAM**（computer aided manufacturing の略称）

コンピュータ支援製造と訳され，一般に**キャム**と呼ぶ．CAD の次の工程として製造を自動化するためのシステムで，生産の技術管理に関する情報をデータベースにたくわえ，コンピュータの指令によって，生産設備やその活動を制御する．たとえば，設計された製品の形状や寸法を入力すると，工作機械の機種の選定や加工手順まで定めることができる．

（3） **自動加工システム**（automatic processing system）

自動加工システムは，複数のコンピュータ数値制御（CNC）工作機械と加工物の脱着用の自動パレット交換機（APC, auto pallet changer）とを構成要素にして，マテリアルハンドリングシステムとしての加工物搬送用の無人搬送車（AGV：後述の脚注参照），自動倉庫システムなどを，コンピュータによって統合した多品種生産に対応可能な加工システムである．自動加工システムの構成要素の一連の動作および連携は，PLC（programmable logic controller）などの制御機構によって実行される．

（4） **自動組立システム**（automatic assembling system）

自動組立システムは，自動組立ロボットまたは専用組立機に，部品を整送・分離・位置決めして自動供給する供給装置（パーツフィーダ，パレットおよびマガジン）と，工程間の組立品の運搬を行う搬送装置（コンベヤ，移載用ロボット）を組み合わせて，部品の供給，搬送および組立を行う多品種対応の組立システムである．自動組立システムにも自動加工システムと同様にPLCが使われる．

（5） **CAE**（computer aided engineering の略称）

CAE（**コンピュータ支援解析システム**）は，製品または部品の開発および設計業務に際して，各種の特性をコンピュータによる数値解析またはシミュレーションをして検討するシステムである．これには，試作または実験による試行錯誤の回数を減らして開発期間の短縮化および効率化を目指すことにあり，熱流体力学，力学構造，生産工学などの問題に対する解析が利用されている．具体的には，機械や構造物を要素別に分解して入力し，全体のモデルをつくり，外力を加えて構造物の動きを解析しながら，モデルをグラフィック画面に出力して製図を行うシステムである．変位，振動，熱流体移動などの特性も正確に予測し，基本設計から詳細設計に至るまで一貫した設計製図を行うことができるので，製品の最適な設計開発とその期間の短縮を行い，開発コストの引下げを図ることができる．

（6） **FMS**（flexible manufacturing system の略称）

フレキシブル生産システムといい，NC工作機械，MC，CNC，DNC〔5･3節2項(3)参照〕などの自動生産機械，コンベヤ，**無人搬送車***などの自動搬送設備，

---

* **無人搬送車**（automated guided vehicle：AGV） 蓄電池を動力源として走行し，床面に設定した誘導線によって物品の搬送を行う運搬車をいう．誘導方式には電磁式，磁気式，光電式および光学式などがあり，誘導線は，電線，磁性をもつ塗料･テープ，金属帯，カラーテープなどが用いられ，搬送経路は自在に設定できる．最近は，プログラムを内蔵し，ロボット的な構造をもつ自律走行式もある．

さらに**産業用ロボット***，自動検査のCATおよび立体自動倉庫などを設置し，全体をネットワークとし，コンピュータによって総括的に生産の制御を行い，多種多様な部品加工，組立て，検査などができるようにしたシステムである．

（7） **CAT**（computer aided testingの略称）

コンピュータ支援検査といい，コンピュータを利用した自動検査のためのシステムである．各種のセンサ（感知器）や寸法計測システムなどを備え，製品検査による品質保証を行う．これがFMSラインの中に組み込まれて，加工に伴う自動計測が統合的に行われ，品質管理の情報を作成し，CADやCAMにフィードバックして設計や製造に役立てる．

自動検査計測システム（automatic inspection and measuring system）は，自動加工または自動組立システムで，加工，組立工程の途中および作業後に自動的に多品種・多項目の計測・検査をするシステムである．

2. CIM（computer integrated manufacturingの略称）

自動化の考え方をいっそう進め，FMSとOA〔**5·3**節**2**項（**4**）参照〕を統合化したシステムを**CIM**（**コンピュータ統合生産**）と呼び，コンピュータ技術の活用により，顧客の要望から発して製品の開発，設計，製造の計画・制御，工場自動化および営業や物流（荷造り・荷役・輸送・配送などの活動）に至るまでの情報をデータベースに集め，これをネットワークによって互いに連携し，設計，製造，管理などを総合的にシステム化するものである．

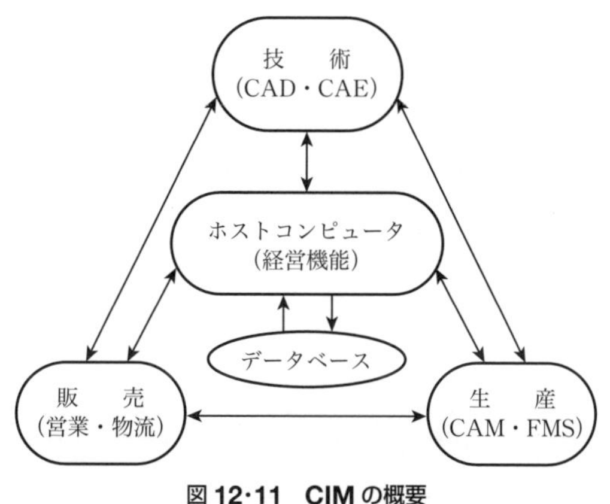

図12·11　CIMの概要

コンピュータ統合生産システムは，受注から製品開発・設計，生産計画，調達，製造，物流，製品納品など，生産に関わ

---

* **産業用ロボット**（industrial robot）　人間の手の運動機能をもつ**マニピュレータ**（manipulator）と呼ぶ機構と，位置・輪郭・速度・視覚・聴覚などを決める制御装置をもつ機械で，人間に代わって過酷・危険・繰返し単純作業などを行い，溶接・プレス・ダイカスト・鍛造・組立てなどの作業に使用される．

るあらゆる活動をコントロールするための生産関連情報を連携させ，異なる組織間で情報を共有して利用するために一元化され整合性のとれたしくみとして，コンピュータで統括的に管理・制御するシステムである.

すなわちCIMは，製造部と営業部との密接な連携により，市場動向の情報に即応して，“どの商品を”“どれだけ”“いつ”の情報に基づいて，瞬時に生産計画を立案し，速やかに多種少量の高速生産を行うことができる.

図**12･11**はCIM構成の概要で，中央のコンピュータは，経営活動に必要な情報を収集・分析・処理・保管し，必要に応じて各部門に即座に提供する.

13

マネジメント システム

13·1　品質マネジメント システム

1.　ISO とは

ISO とは国際標準化機構（International Organization for Standardization）の略称で，物資およびサービスの国際的な交流を容易にし，知的，科学的，技術的および経済的な分野において，国際間の協力を増進するために，各国の規格統一を図り，加入各国間での標準化活動に関する情報交換を行い，国際的な工業標準化の推進を目的として 1947 年に設立された．

2024 年 10 月現在の加盟国は 172 か国に達し，わが国では 1952 年に，日本工業標準調査会（Japanese Industrial Standards Committee：JISC）が加盟し，常任理事国の一員として承認されている．

2.　ISO 9000 とは

ISO 9000 とは，ISO によって制定された品質マネジメント システムに関する国際規格の一つである．1970 年代のころから品質管理の規格統一の動きはヨーロッパを起点として次第に本格化し，1987 年に **ISO 9000** シリーズ（第 1 版）が制定された．その後，数回の改訂を経て，2015 年に大改訂されている．

品質管理に関する国際規格は，日本的品質管理を発展させたものと考えることができるので，「品質管理」の概念をより充実させた意味で「**品質マネジメント**」といい，その体系は**品質マネジメント システム**と呼ばれる．

品質マネジメント システムに関する国際規格には多くの種類があるが，その代表的な ISO 規格は JIS 規格の番号を併記して以下に示すとおりである．

①　**ISO 9000:2015（JIS Q 9000:2015）**　品質マネジメント システム — 基本

およびび用語

② **ISO 9001:2015（JIS Q 9001:2015）** 品質マネジメント システム ― 要求事項

③ **ISO 9004:2018（JIS Q 9004:2018）** 品質マネジメント ― 組織の品質 ― 持続的成功を達成するための指針

④ **ISO 10001:2018（JIS Q 10001:2019）** 品質マネジメント ― 顧客満足 ― 組織における行動規範のための指針

⑤ **ISO 10002:2018（JIS Q 10002:2019）** 品質マネジメント ― 顧客満足 ― 組織における苦情対応のための指針

⑥ **ISO 10003:2018（JIS Q 10003:2019）** 品質マネジメント ― 顧客満足 ― 組織の外部における紛争解決のための指針

⑦ **ISO 10006:2003（JIS Q 10006:2004）** 品質マネジメント システム ― プロジェクトにおける品質マネジメントの指針

3. ISO規格の考え方

情報技術の進歩と普及には目覚ましいものがあり，国境を越えた情報の伝達はリアルタイムに行われるようになった．また国際化の進展により市場のグローバル化，多様な要求への顧客対応，新テクノロジーの出現，多様化・国際化するサプライチェーン，環境問題の深刻化，有限な資源・エネルギー問題への取り組みなどともに，企業活動における各種のリスク管理の必要性に対してシステマティックなマネジメントが重要になってきた．

2015年に**ISO 9001**が改訂されたのは，次の理由による．

① 変化する世界に**ISO 9001**を適応させる．

② 組織が置かれているますます複雑になる環境を**ISO 9001**に反映する．

③ 将来に向けて一貫性のある基盤となる国際規格を提供する．

④ 新しい国際規格がすべての密接に関連する利害関係者のニーズに対して，確実に反映させる．

⑤ 他のISOマネジメント システム規格との整合性を図り，共通な部分は一致したものにする．

ISO 9001-2015：品質マネジメント システムの考え方は，次のような他のISO規格に取り入れられている．共通の考え方で改訂している主なISO規格は，次のとおりである．

① **ISO 9000:2015**　品質マネジメント システム
② **ISO 14001:2015**　環境マネジメント システム
③ **ISO 27000:2018**　情報技術 — セキュリティ技術 — 情報セキュリティマネジメントシステム — 用語
④ **ISO 50001:2011**　エネルギーマネジメント システム

ISO のマネジメント システム規格に共通する概念は，図 **13·1** の 10 項目である．

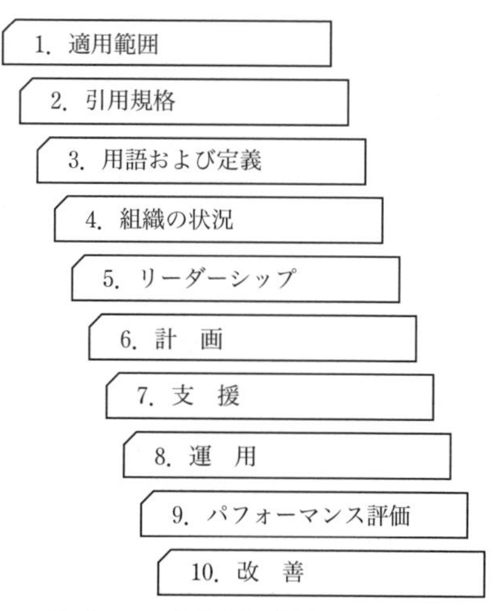

図 13·1　ISO 規格に共通する 10 項目

4.　品質マネジメントの原則

ISO 9000:2015「品質マネジメント システム — 基本および用語」では，**品質マネジメントの原則**として次の 7 原則を示し，ISO のその他のマネジメント システムにおいても基本的な考え方となっている．

① 顧客重視
② リーダーシップ
③ 人々の積極的参加
④ プロセス アプローチ
⑤ 改善
⑥ 客観的事実に基づく意思決定
⑦ 関係性管理

（1） 顧客重視

品質マネジメントの主眼は，**顧客重視**の考え方であり，顧客の要求事項を満たすだけでなく顧客の期待を超える努力をすることにある．

組織が持続的に成功するには，顧客や利害関係者の信頼を得ることが不可欠である．顧客とのあらゆる相互作用によって，顧客のためにより高い価値を創造する機会（ビジネス チャンス）が得られる．顧客や利害関係者が現在もっているニーズや将来の期待を理解することは，組織が持続的に成功する基本である．

（2） リーダーシップ

各階層のリーダーは，メンバーの人々に対して目的と目指す方向を一致させ，品質目標の達成に皆が積極的に参加する状況を作りだす役割をもっている．

組織の人々を積極的に参加させて同じ目標に向かって努力を集中するようリーダーシップが発揮させられれば，組織の目的は達成され，望ましい成果が得られることになる．

（3） 人々の積極的参加

組織内のすべての人々はそれぞれの力量があり，権限が与えられ，それらの人々が積極的に参加して，価値を創造することは，組織の目的を実現するために必須である．組織を効果的にマネジメントするためには，すべての人々を尊重し，人々の参加を促すことが重要である．人々の貢献を認め，権限を与え，力量を向上させることによって，さらに人々の積極的な参加が促進される．

とくに組織は，業務を行う人に必要な力量を明確にし，適切な教育や訓練を行って，人々が力量を備えられるようにする必要がある．

ISO 規格では，**力量**（competence）とは，意図した結果を達成するために，知識と技能を適用する能力と定義し，ISO マネジメント システム規格に共通する重要な用語として位置づけている．すなわち，力量という用語は，担当する業務活動について，その仕事を実行して期待される成果を得るために必要な担当者の知識や技能を意味している．力量は，資格の認定や試験の合格によって実証され，力量が実証されれば，その人に適格性があるといわれる．

（4） プロセス アプローチ

いかなる業務活動もプロセスと考え，各プロセスは互いに関連するプロセスと連携して，システムを構成しているものと理解し，マネジメントすることによって，矛盾のない予測可能な結果が効果的に達成できる．プロセスは経営資源（人間，機械・設備，材料，エネルギー，技術，情報，資金など）のインプットをアウトプットに変換する活動であり，最終的なアウトプットは製品やサービスである．あるプロセスの結果（アウトプット）は別のプロセスのインプットになる関係にある．

プロセスをマネジメントするには，権限，責任および説明責任（accountability）を明確にする必要がある．

（5） 改善

成功する組織は，絶えず改善を継続して積み重ねている．改善は，組織が現在の水準を維持し，内外の環境変化に対応し，新たなチャンスを創造するために不可欠な努力である．そのためには各部署において改善目標を設定し，基本的な改善方法を人々に教育・訓練を行うことが重要である．改善は，一部の人だけの活動ではなく，全員の活動であるから，改善を認め合い，褒めることも大切である．

（6） 客観的事実に基づく意思決定

望ましい結果を得るためには，データや情報を客観的に分析し，評価することに基づく意思決定が重要である．意思決定は，複雑になりがちであり，常に何らかの不確かさがつきまとう．主観的意見や相反するデータが情報に含まれているかもしれないので，因果関係や意図しない結果を想定することが重要である．客観的事実やデータの分析は，意思決定の客観性と信頼性を高めることになる．

（7） 関係性管理

持続的成功のために組織は，供給元や供給先の業者のような密接に関連する利害関係者との関係をマネジメントする必要がある．密接に関連する利害関係者の協力度合いによって，組織のパフォーマンスは大きく左右される．サプライチェーン・マネジメントの重要性が認められると，供給者やパートナーとのネットワークにおける関係性管理はとくに重要である．利害関係者の目標と価値観に関する共通理解をもち，資源や力量の共有，品質関連のリスクの管理を行い，利害関係者のための価値を創造することも必要になる．

利害関係者との関係性を管理するには，短期的な視点と長期的な関係とのバランスをとることも考慮しなければならない．組織の目的と戦略的な方向性に照らして，外部と内部の課題を明確にすることが大切である．

5. 品質マネジメントの基本的活動

品質マネジメント システムに代表されるISO規格におけるマネジメントの基本

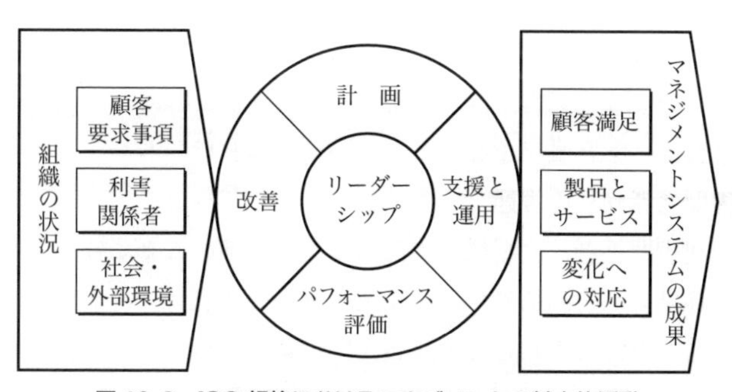

図 13·2 ISO規格におけるマネジメントの基本的活動

的活動は，図**13·2**のように表すことができる．

（1） 組織の状況

組織の状況とは，その組織の目標を定める活動から始まり，目標を達成するために行われる一連の活動に影響する組織内部の課題と組織を取り巻く外部環境からの課題を意味している．すなわち組織の状況を把握することは，その組織が取り組まなければならない課題を理解し，認識することである．

組織の課題は，その**利害関係者**（interested party，**ステークホルダー**：stakeholder）を明らかにするとわかりやすい．利害関係者には，次のようなものがある．

① 顧客，② 組織の所有者，③ 組織内の人々，④ 外部提供者，外部供給者，⑤ 資本家，⑥ 規制当局，⑦ 組合，⑧ パートナー（ビジネス パートナー），⑨ 社会．

品質マネジメントにおいて，組織が取り組む課題は，次の三つに大別される．

（a） 顧客からの要求事項

顧客とは，個人もしくは組織向け，または個人や組織から要求される製品・サービスを受け取る，またはその可能性のある個人または組織である．**要求事項**（requirement）とは，明示されている，通常暗黙のうちに了解されている，または義務として要求されているニーズまたは期待を意味する．製品やサービスが要求事項を満たしていれば，**適合**（conformity）といい，満たしていないことは不適合（nonconformity）である．**欠陥**（defect）という用語は，製品やサービスの意図した用途や規定された用途に関する不適合を指しているので，製造物責任に関連して法的な意味をもつ場合がある．

適合と不適合という用語は，ISOのマネジメント システム規格の共通用語で，その中心的な定義として広く使われている．**顧客満足**（customer satisfaction）とは，顧客の期待が満たされている程度に関する顧客の受け止め方と定義され，顧客が期待していることにどの程度まで応えているかについての顧客の評価であるといえる．製品やサービスを使ってみて初めて気づく，顧客本人も気づいていなかった期待もある．このように顧客が明示していないようなことについても，これを満たすことができれば，顧客満足を高めることができるわけである．

（b） 利害関係者からの課題

顧客以外の利害関係者は，組織の外部の人々と内部の人々に分けて次のように分類できる．組織外の利害関係者には，企業や組織の所有者・資本家・出資者，材料や部品の供給者，外注加工などの生産者，物流業務に関する流通者，販売業務に関する小売業者や販売者，技術提携や業務提携のビジネス パートナーなど直接組織に関係する人や組織である．組織内の利害関係者とは，組織が雇用している従業員，パートタイマー，アルバイトなどの正規雇用者と非正規雇用者である．

営利企業の場合は，事業活動を行った成果として利益を獲得することが求められる．非営利企業の場合は，集めた資本を用いて企業活動の成果が企業目的に照らして評価される．いずれの場合も，組織の課題として，組織の活動成果がその目的をどの程度満たしているかを絶えず課題として考慮しなければならない．

組織に関係する供給者・流通者・販売者・パートナーなどの外部の人々は，組織の日常の活動において，組織内部の人々と互いに協働する関係にあるが，利害が対立することも少なくない．いずれの場合もそれぞれの活動の成果が高められるように調整していくことが求められる．

組織内の利害関係者である従業員などの雇用者については，単に労働力を提供する者としてではなく，組織活動の実行者としての重要な役割を担っている．そのため，従業員の労働安全衛生管理を確実に行い，従業員の技能向上を図るための教育・訓練は組織として計画的に推進していかなければならない課題である．

（c） 社会・外部環境からの課題

組織の課題には，顧客や利害関係者だけでなく，広く社会からの要請も含まれていることを意識しなければならない．とくに考慮すべき二つ課題は，有限な資源・エネルギーの問題と地球環境の保全という環境に関する課題および高度情報化社会に関する課題である．

（2） リーダーシップ

トップ マネジメント（top management）とは，最高位で組織を指揮し，管理する個人またはグループを指し，トップ マネジメントは，組織内で，権限を委譲し，資源を提供する力をもっている．企業などの組織体は，階層構造で構成されているから，一般にトップ マネジメントの下に，複数の部門を設置して業務分担を行い，それぞれの部門を管理する管理者がおかれる．トップ マネジメントは，マネジメントに関するすべての権限をもつが，直接指揮するのは直属の部門長である．その際，各部門の機能に応じて，担当するの範囲の権限がトップ マネジメントから部門管理者に移譲され，部門管理者はトップ マネジメントの権限を代行することができる．ただし，権限移譲では，すべての権限が委譲されるのではなく，監督責任や結果責任は移譲されない．同様に，各階層のリーダーは上位の管理者から権限と責任が委譲される．リーダーには，担当する業務の有効性に関する**説明責任**（accountability）がある．とくにリーダーに求められる役割は，人々を積極的に参加させ，人々を指揮し，支援することにある．

（3） 計画

品質マネジメント システムの計画を策定する際，組織は，課題と顧客から要求事項を考慮して，次の事項に関する計画を策定する．

① リスクと機会に関する取り組み．

② 品質目標とそれを達成するための計画の策定．

③ 変更に関する計画．

計画の策定にあたり，想定されるリスクとビジネス チャンスについてあらかじめ明確にしておかなければならない．品質マネジメント システムにおける計画の中心は，品質目標の設定である．

（4） 支援と運用

組織は，品質マネジメント システムを推進するのに必要な資源を明確にし，準備して，必要な業務活動であるプロセスを計画し，実施し，管理しなければならない．必要な資源には，次のようなものがある．

① 業務の運用と管理に必要な人材．

② 建物，ユーティリティ，設備（ハードとソフト），輸送，情報通信技術などのインフラストラクチャ．

③ 業務の実施に関する環境．

④ 監視と測定のための資源．

⑤ 組織の知識．

とくに組織の構成員である人々の力量の向上に留意し，適切な教育，訓練または経験によって，人々が必要な力量を備えるために必要な措置を講じる責務がある．

（5） パフォーマンス評価

組織は，品質マネジメント システムのパフォーマンスすなわち有効性を評価しなければならない．その証拠として，適切な文書化した情報を保管する．そのためには，次の事項を決定する必要がある．

① 監視および測定が必要な対象を明らかにすること．

② 必要な監視，測定，分析および評価の方法を明らかにすること．

③ 監視と測定の実施時期を決めること．

④ 監視と測定の結果の分析と評価の時期を決めること．

（6） 改善

組織は，改善の機会を捉え，改善課題を選択し，必要な改善活動を実施しなければならない．改善活動には，次の事項がある．

① 要求事項を満たすため，さらに将来のニーズや期待に取り組むための製品やサービスに関する改善．
② 望ましくない影響の修正，防止また低減に関する改善．
③ 品質マネジメント システムのパフォーマンスと有効性に関する改善．

とくに製品やサービスに不適合が発生した場合は，次の活動を行う必要がある．

① 不適合に対処し，修正するための処置をとり，その不適合によって起こった結果に対処する．
② 不適合の再発防止や他の箇所で発生しないように，その不適合をレビューし，分析して原因を明確にする．
③ 類似の不適合の有無および不適合の発生する可能性を明確にする．
④ 将来に関する必要な処置を実施する．
⑤ すべての是正処置の有効性をレビューする．
⑥ 計画の策定段階で決定したリスクと機会を見直す．
⑦ 品質マネジメント システムの変更について見直す．

（7） マネジメント システムの成果

上述の品質マネジメント システムの基本的活動によって，顧客の要求事項を満たす高い品質の製品やサービスが作られ，その結果として高い顧客満足度が得られることが期待される．さらに種々の活動が適切に遂行されれば，環境や社会の変化に対応した組織運営が可能になる．**ISO 9004：2018**「品質マネジメント ― 組織の品質 ― 持続的成功を達成するための指針」では，組織の品質とは，持続的成功を達成するために，組織固有の特性がその顧客およびその他の利害関係者のニーズおよび期待を満たす程度を指している．持続的成功は，組織環境の認識に関する能力，新しい知識や技術の学習と改善に関する能力，さらに技術革新に関する能力をいかに高めていくかがポイントとなる．

13·2 環境マネジメント システム

未来の人々のニーズを妨害しないことと，現在の人々のニーズを満たすことを両立させるために，環境・社会・経済においてバランスを図ることは重要なことである．われわれが目指す持続可能な発展は，この三つの分野でのバランスにかかっているといえる．汚染による環境負荷の増大，資源の非効率的な消費，不適切な廃棄物処理，結果としての気候変動，生態系や生物多様性への破壊行為などの問題に対して，持続可能な発展へ向けた透明性のある説明責任を果たす行動が広く社会から求められている．

ISO 14000（**JIS Q 14000**）シリーズの**環境マネジメント システム**は，社会・経済のニーズと環境保護のバランスを取りながら，変化する環境状態に対応するための基本的な枠組みを企業や組織に提供するために規定したものである．環境マネジメントによる体系的なアプローチによって，以下のような効果をもたらす情報と方法をトップ マネジメントに示すことができると考えられる．

① 有害な環境影響を緩和し，防止して，環境を保護する．
② 現状の環境状態における潜在的な有害影響を緩和する．
③ 組織の順守義務を果たすための支援となる．
④ 環境パフォーマンスを向上させる．
⑤ 製品やサービスの設計，製造，流通，消費，廃棄の各段階で，意図しない環境影響を未然に防止する．
⑥ 市場における企業や組織の評価を高め，財務上や運用上の利益となる．
⑦ 企業や組織がもつ環境情報を利害関係者に提供できる．

1. 成功のための要因

環境マネジメント システムは，トップ マネジメントが率先して主導することにより成功する．経営戦略や経営方針を策定する際，事業の重要事項と環境マネジメントを整合させて，企業の全体的なマネジメントに環境への取り組みを実施すれば，リスクの低減や回避，効果的なビジネス チャンスの創生を期待できるわけである．

しかし，企業や組織のおかれている状況，環境マネジメントの適用範囲，遵守すべき義務の内容，企業や組織の活動範囲，製品やサービスの特性などのわずかな違いによって，同種の組織であっても環境上の成果は同じではない．それは，環境問題の複雑さのためである．

2. PDCAサイクルの適用

ISO 14000 のマネジメントにおいても，**1** 章で述べたPDCAのサイクルが基礎的アプローチである．

Plan： 環境方針に沿った成果を実現するために，環境目標を定め，これを達成するプロセス（業務）を明確にする．

Do： 環境計画に従って，着実にプロセスを実施する．

Check： プロセスの状況を監視し，結果を測定して，環境方針，環境目標，運用基準と照合する．

Act： 継続的に環境改善を進めるために必要な措置を行う．

3. 環境マネジメントに関する基本概念

企業や組織が取り組まなければならない環境に関する基本概念は，以下のとおりである．

ISO規格に示された**環境**（environment）とは，大気，水，土地，天然資源，植物，動物，人およびそれらの相互関係を含む組織の活動を取り巻くものと定義されている．**環境側面**（environmental aspect）とは，環境と相互に作用する可能性のある組織の活動や，製品またはサービスの要素を指していて，企業の業務活動における環境側面や，製品・サービスがもつ環境側面を企業は考慮しなければならない．**環境影響**（environmental impact）とは，有害か無害かを問わず，全体的に，または部分的に組織の環境側面から生じる環境に対するあらゆる変化を意味している．すなわち，企業や組織が活動を行うと環境側面において環境影響を生ずることは避けられないことになる．企業活動では，有害な環境影響を低減するために，汚染の予防を図らなければならない．

組織が環境問題に対してどの程度の成果が得られたかは，環境パフォーマンスで評価される．**環境パフォーマンス**（environmental performance）とは，組織の環境側面について，その組織のマネジメントの測定可能な結果であると定義され，企業の経済的活動の成果が種々の経済指標で表されるように，環境目標に対してどの程度達成できたかは，**環境パフォーマンス指標**（EPI：Environmental Performance Indicator）で測ることができる．

代表的な環境パフォーマンス指標に次のようなものがある．

① 原材料またはエネルギーの使用量．

② 二酸化炭素（CO_2）などの排出量．

③ 完成品の量当たりの発生廃棄物．

④ 原材料およびエネルギーの使用効率．

⑤ 環境事故（計画外の汚染物質の排出など）の件数．

⑥ 廃棄物のリサイクル率.
⑦ 包装材料のリサイクル率.
⑧ 製品の単位量当たりのサービス輸送距離.
⑨ 特定の汚染物質排出量.
⑩ 環境保護への投資.
⑪ 野生生物生息地のために留保した土地面積.
⑫ 環境側面の特定について教育訓練を受けた人の数.
⑬ 低排出技術への支出予算の比率.

環境マネジメント システム（EMS：Environmental Management System）とは，組織のマネジメント システムの一部で，環境方針を策定し，実施し，環境側面を管理するために用いられるマネジメント システムである．ここに**環境方針**（environmental policy）とは，トップ マネジメントによって正式に表明された環境パフォーマンスに関する組織の全体的な意図および方向付けを意味している．

このように環境マネジメント自体は，前述のISO規格における品質マネジメントと同様に，組織の活動にとってきわめて重要なマネジメント活動であり，その活動は品質マネジメントの活動と連携して進めていかなければならない．すなわちそれらは互いに課題となる問題を投げかけることも，また互いの活動によって解決されることもある関係にある．

4. 環境マネジメントに関する役割と責任者

企業や組織が取り組まなければならない環境に関する役割と典型的なその責任者は，表**13･1**のとおりである．

表**13･1**のように製品やサービスの設計者は，設計業務において環境側面に配慮する責務がある．**ISO 14006:2011**（**JIS Q 14006:2012**）では，環境マネジメント システム—エコデザインの導入のための指針が示されている．

エコデザイン（ecodesign）とは，製品のライフサイクル全体にわたり有害な環境影響を低減させるために，環境側面を製品やサービスの設計・開発に取り入れる活動を指している．エコデザインと同様な意味で，環境配慮設計，環境適合設計，グリーン設計，環境的に持続可能な設計という用語も使われている．エコデザインでは，製品やサービスの**ライフサイクル**において，原材料の入手段階，製造段階，配送段階，使用段階，メンテナンス段階および使用済み段階の各段階では，インプット，すなわち材料，エネルギー，水，その他のあらゆる資源の消費に着目し

表 13·1　環境マネジメントにおける役割と責任者

環境マネジメント システムにおける責任	典型的な責任者
全体的な方向性を確立する	社長，最高経営責任者（CEO），役員会
環境方針を策定する	社長，最高経営責任者（CEO）
環境目標とプロセスを策定する	担当管理者
設計プロセスにおける環境側面を配慮する	製品・サービスの設計者，建築士，技術者
全体的な EMS パフォーマンスを監視する	環境管理者
順守義務遂行状況をチェックする	すべての管理者
継続的改善を促進する	すべての管理者
顧客の期待を設定する	販売担当者，マーケティング担当者
供給者への要求事項と調達基準を設定する	調達担当者，購買担当者
会計プロセスを策定し，維持する	財務管理者，会計管理者
EMS 要求事項に適合する	管理下で働くすべての人々
EMS の運用をレビューする	トップ マネジメント

て，環境側面を検討する．製品やサービスが最終的に廃棄される段階では，そのアウトプットである廃棄物，排出物に注目して環境側面を検討し，エコデザインを実現することが重要である．

ISO 9001 の品質マネジメント システムにおける要求事項から，環境マネジメント システムにおける設計・開発プロセス（業務）へのインプット事項には，次の事項がある．

① 対象とする製品やサービスの機能に関する要求事項．
② 対象とする製品やサービスに適用される法令や規制に関する要求事項．
③ 対象とする製品やサービスに類似した過去の設計で得られた要求事項に関する情報．
④ 対象とする製品やサービスの設計・開発に不可欠なその他の要求事項．

これらの要求事項は，関連するインプットについて絶えず見直し（レビュー）を行い，要求事項に漏れがなく，曖昧さもなく，また互いに相反することがないようにしなければならない．

エコデザインに，ライフサイクルの考え方を導入することによって，次の効果が得られる．

① 大局的見地から製品やサービスのもつ有害な環境影響を最小化することができる．

② 著しい環境側面が特定され，定性的評価や定量的評価が可能になる．
③ 製品やサービスがもつ種々の環境側面におけるトレードオフ，ライフサイクルの各段階におけるトレードオフについて，総合的に検討できる．

13･3 情報セキュリティ マネジメント システム

現代の情報化社会において企業活動を行うためには，情報システムの構築と活用は不可欠であり，コンピュータ ネットワークを利用して種々の業務が遂行されている．組織のコンピュータ ネットワークは，クライアントがサーバを介して他のクライアントやサーバに接続できるシステムを利用している．サーバは特定のサービスを行うコンピュータであり，メールの送受信はメールサーバ，Web コンテンツを公開する Web サーバ，データベースなどの情報を格納するファイル サーバなど種々のサーバがある．Web または WWW と略される World Wide Web は，インターネット上で標準的に用いられている文書情報を公開・閲覧するシステムで，世界の人々や組織に広く利用されている．インターネットが普及し，大量の情報を短時間に世界に発信し，また世界からの情報を収集することが容易になってきた．これに伴い，インターネットを悪用する危険性も増大し，**情報セキュリティ**に関するリスクは，組織の課題の一つになっている．

ISO 27000:2018（JIS Q 27000:2019）は，情報技術 — セキュリティ技術—情報セキュリティ マネジメント システム — 用語に関する国際規格であり，情報セキュリティ マネジメント システムを導入し，運用するためのモデルを示している．以下では，この国際規格に示された情報セキュリティに関する主な用語について説明する．

個人や組織が用いる情報には，情報の機密性，完全性，可用性という三つの性質が満たされている必要がある．

ISO 規格における**情報の機密性**（confidentiality）とは，認可されていない個人，エンティティまたはプロセスに対して，情報を使用させず，また開示しない特性と定義されている．ここに，**エンティティ**とは，実体や主体ともいわれ，情報を使用する人や組織，情報を扱う設備，ソフトウェアや物理的メディアなどの情報にアクセスしたり，閲覧しようとしたり，操作しようとする行為を行うものを指している．エンティティとは，基本的には人を指しているが，人が操作しなくとも自動的に機能するソフトウェアや機器が情報システムにアクセスすることは可能であるから，そのような場合も含めて，情報に働きかける主体を意味している．したがって，情報の機密性を守るということは，許可されている人やエンティティだけには情報を開示し，使用できるようにするが，許可されていない人やエンティティには，開示も使用もできないようにすることである．**情報の完全性**（integrity）とは，正確さ，および完全さの特性を指す．**情報の可用性**（availability）とは，認可されたエンティティが要求したときに，アクセスと使用が可能である特性を意味している．

ISO 規格では，**情報セキュリティ**（information security）を，情報の機密性，完全性および可用性を維持することと定義している．**情報セキュリティ事象**（information security event）とは，情報セキュリティ方針への違反，管理策の不具合の可能性，またはセキュリティに関係し得る未知の状況を示すシステム，サービスまたはネットワークの状態に関連する事象をさし，このような事象の発見と対策が必要になる．とくに，望まない単独または一連の情報セキュリティ事象や，予期しない単独または一連の情報セキュリティ事象であって，事業運営を危うくする確率や情報セキュリティを脅かす確率が高いものを**情報セキュリティ インシデント**（information security incident）と呼んでいる．情報セキュリティ インシデントを検出し，報告し，評価し，応対し，対処し，さらにそこから学習するためのプロセスは，**情報セキュリティ インシデント管理**（information security incident management）であり，新たに発生する脅威に対応するマネジメントが必要になる．

企業や組織の活動においては，社会や外部環境からの様々なリスクに対する対応も求められており，情報セキュリティを含めた**リスクマネジメント**の課題も組織の重要な課題の一つとなっている．このような新しいマネジメントに対して，ISO のマネジメント システムの考え方は有効であるといえる．

演習問題解答

〔4章〕 **工程管理**

4･1 1か月当たりの生産予定量 = 500 ÷ (1 − 0.05) = 527 個（小数点以下を切上げ）

1か月当たりの負荷工数 = 2 × 527 = 1054 時間

1か月1台当たりの能力工数 = 8 × 25 × (1 − 0.1) = 180 時間

必要機械台数 $= \dfrac{1054}{180} \fallingdotseq 6$ 台（小数点以下を切上げ）

4･2 A，B，C，E 作業

4･3

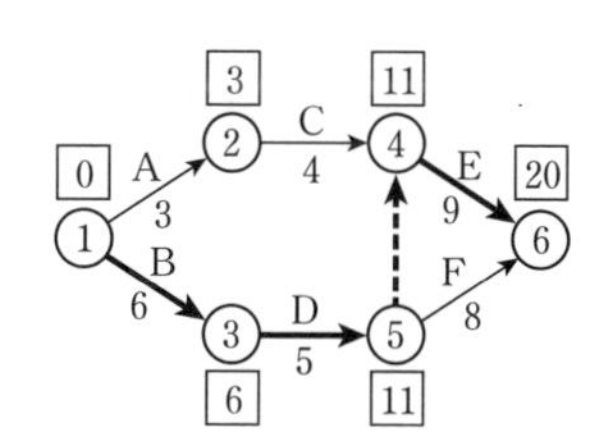

〔5章〕 **作業研究**

5･1 作業正味時間 $= 2.687 \times \dfrac{95}{100} = 2.55$

標準時間 = 2.55 × (1 + 0.20) = 3.06 分

5･2 $n = \dfrac{4 \times 0.1(1-0.1)}{0.02^2} = 900$ 回

〔6章〕 **資材と運搬の管理**

6･1 安全在庫量 $= 1.65 \times 25 \times \sqrt{7} \fallingdotseq 110$ 個（小数点以下を切上げ）

発注点 = (250 × 7) + 110 = 1860 個

6･2 ① 最適発注量 $= \sqrt{\dfrac{2 \times 20000 \times 6000}{400 \times 0.25}} \fallingdotseq 1550$ 個（小数点以下を切上げ）

② 平均在庫量 $= \dfrac{1550}{2} + 600 = 1375$ 個

③ 発注回数 $= \dfrac{20000}{1550} = 12.9 \fallingdotseq 13$ 回

6･3 再発注量 = (2 + 1) × 500 − 50 + 100 − 650 = 900 個

〔8章〕 **品質管理**

8·1 図示のとおり．

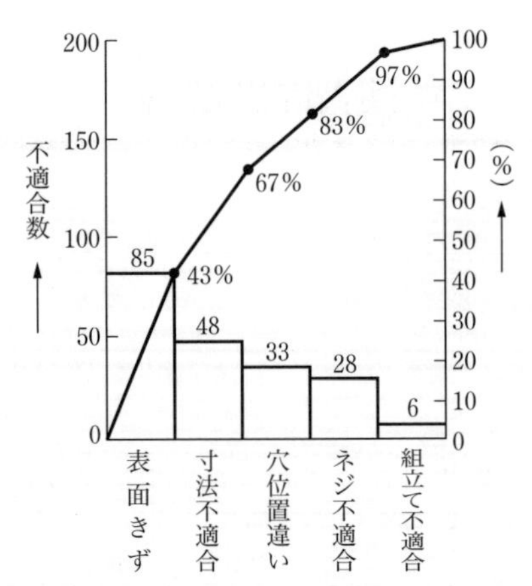

8·2 $\bar{x}=\dfrac{32.4+33.5+35.2+32.7+34.8}{5}=33.72$

$\tilde{x}=33.5 \longrightarrow 35.2,\ 34.8,\ \mathbf{33.5},\ 32.7,\ 32.4$

$R=35.2-32.4=2.8$

$S=(35.2-33.72)^2+(34.8-33.72)^2+(33.5-33.72)^2+(32.7-33.72)^2+(32.4-33.72)^2$

$=6.188$

$V=\dfrac{6.188}{5-1}=1.547,\ s=\sqrt{1.547}=1.244$

8·3 $\bar{\bar{x}}=\dfrac{237.82}{20}=11.891,\ \ \bar{R}=\dfrac{3.54}{20}=0.177$

x 管理図　$\mathrm{UCL}=\bar{\bar{x}}+A_2\bar{R}=11.891+0.577\times0.177=11.993$

$\mathrm{LCL}=\bar{\bar{x}}-A_2\bar{R}=11.891-0.577\times0.177=11.789$

R 管理図　$\mathrm{UCL}=D_4\bar{R}=2.114\times0.177=0.374$

〔11章〕 **工場会計**

11·1

方式／年度	定額法			定率法		
	償却額	償却累計	帳簿価格	償却額	償却累計	帳簿価格
1	180	180	1820	$2000 \times 0.206=412$	412	1588
2	180	360	1640	$2000\times(1-0.206)\times0.206=327$	739	1261
3	180	540	1460	$2000\times(1-0.206)^2\times0.206=260$	999	1001
4	180	720	1280	$2000\times(1-0.206)^3\times0.206=206$	1205	795
5	180	900	1100	$2000\times(1-0.206)^4\times0.206=164$	1369	631
6	180	1080	920	$2000\times(1-0.206)^5\times0.206=130$	1499	501
7	180	1260	740	$2000\times(1-0.206)^6\times0.206=103$	1602	398
8	180	1440	560	$2000\times(1-0.206)^7\times0.206=82$	1684	316
9	180	1620	380	$2000\times(1-0.206)^8\times0.206=65$	1749	251
10	180	1800	200	$2000\times(1-0.206)^9\times0.206=51$	1800	200

参考文献

〔第 1 版～第 3 版〕 参考文献

［1］ L. ナシェルスキー（浦・北川訳）：電子計算機の基礎（Digital Computer Theory）（培風館）
［2］ 甲斐章人・森部陽一郎：現代の品質管理（泉文堂）
［3］ 工場管理用語辞典編集委員会（編）：工場管理用語辞典（理工学社）
［4］ 坂本碩也：品質管理テキスト（理工学社）
［5］ 生産管理便覧編集委員会（編）：生産管理便覧（丸善）
［6］ 千住鎮雄ほか：作業研究（日本規格協会）
［7］ 高原知義・向井邦彦：経営工学概論（共立出版）
［8］ 都崎雅之助：経営工学概論（森北出版）
［9］ 並木高矣：生産管理の技法（日刊工業新聞）
［10］ 日本機械学会（編）：機械工学便覧（日本機械学会）
［11］ 日本規格協会（編）：JIS ハンドブック（58）マネジメントシステム（日本規格協会）
［12］ 日本経営工学会（編）：経営工学便覧（丸善）
［13］ 日本経済新聞社（編）：複合先端産業（日本経済新聞社）
［14］ 原輝彦：ISO 14001 が見えてくる（日刊工業新聞社）
［15］ 平野裕之：図解 5S・JIS 基本用語 555（日刊工業新聞）
［16］ 村松林太郎：生産管理の基礎（国元書房）
［17］ 坂本碩也：コンピュータ技術入門－機械工学入門シリーズ－（理工学社）

〔第4版〕 参考文献

［1］ 日本経営工学会編：生産管理用語辞典，日本規格協会，2012

［2］ 中央職業能力開発協会編：ビジネス・キャリア検定試験標準テキスト 生産管理BASIC級，社会保険研究所，2016

［3］ 中央職業能力開発協会編：ビジネス・キャリア検定試験標準テキスト【共通知識】生産管理3級，社会保険研究所，2015

［4］ 中央職業能力開発協会編：ビジネス・キャリア検定試験標準テキスト【専門知識】生産管理プランニング3級，社会保険研究所，2015

［5］ 中央職業能力開発協会編：ビジネス・キャリア検定試験標準テキスト【専門知識】生産管理オペレーション3級，社会保険研究所，2015

［6］ 中央職業能力開発協会編：ビジネス・キャリア検定試験標準テキスト【共通知識】生産管理2級，社会保険研究所，2015

［7］ 中央職業能力開発協会編：ビジネス・キャリア検定試験標準テキスト【専門知識】生産管理プランニング2級（生産システム・生産計画），社会保険研究所，2015

［8］ 中央職業能力開発協会編：ビジネス・キャリア検定試験標準テキスト【専門知識】生産管理オペレーション2級（作業・工程・設備管理），社会保険研究所，2015

［9］ 日本規格協会編：JISハンドブック品質管理，日本規格協会，2015

［10］ 日本規格協会編：JISハンドブック環境マネジメント，日本規格協会，2015

［11］ 日本規格協会編：JISハンドブック情報セキュリティ・LAN・バーコード・RFID，日本規格協会，2016

［12］ 吉澤正編：クオリティマネジメント用語辞典，日本規格協会，2004

［13］ 稲本稔・細野泰彦：わかりやすい品質管理（第4版），オーム社，2016

［14］ 圓川隆夫・黒田充・福田好朗編：生産管理の事典，朝倉書店，1999

［15］ 吉田祐夫：生産システム設計法原論，三恵社，2003

〔第５版〕 参考文献

［１］ 日本産業規格：JIS Z 8141：2022 生産管理用語，日本規格協会，2022

［２］ 中央職業能力開発協会編：ビジネス・キャリア検定試験標準テキスト【共通知識】生産管理３級（第２版），社会保険研究所，2023

［３］ 中央職業能力開発協会編：ビジネス・キャリア検定試験標準テキスト【専門知識】生産管理プランニング３級（第２版），社会保険研究所，2023

［４］ 中央職業能力開発協会編：ビジネス・キャリア検定試験標準テキスト【専門知識】生産管理オペレーション３級（第２版），社会保険研究所，2023

［５］ 中央職業能力開発協会編：ビジネス・キャリア検定試験標準テキスト【共通知識】生産管理２級（第２版），社会保険研究所，2023

［６］ 中央職業能力開発協会編：ビジネス・キャリア検定試験標準テキスト【専門知識】生産管理プランニング２級（第２版），社会保険研究所，2023

［７］ 中央職業能力開発協会編：ビジネス・キャリア検定試験標準テキスト【専門知識】生産管理オペレーション２級（第２版），社会保険研究所，2023

［８］ 日本規格協会編：JIS ハンドブック品質管理，日本規格協会，2024

［９］ 厚生労働省：令和５年労働災害動向調査の概況　結果の概要，https://www.mhlw.go.jp/toukei/itiran/roudou/saigai/23/dl/2023kekka.pdf

［10］ ISO：https://www.iso.org/about

索引

〔サ行〕

〔タ行〕

〔ナ行〕

〔ハ行〕

<著者略歴>

坂本 碩也（さかもと せきや）

1922（大正 11）年生まれ
奉天工業大学機械学科卒業
栃木県立宇都宮工業高校機械科課長
同設備工業科課長
(公社)ボイラ・クレーン安全協会講師

著　書　「品質管理テキスト（第 4 版）」オーム社,「機械工学入門シリーズ コンピュータ技術入門（第 2 版）」「エンジニアのための BASIC 入門（第 2 版）」以上 理工学社,「設備工学辞典」「環境工学辞典」以上 共立出版 ほか

<改訂者略歴>

細野 泰彦（ほその やすひこ）

1976 年　武蔵工業大学工学部卒業
1982 年　大阪府立大学大学院工学研究科修了
取得学位　工学博士 大阪府立大学

職　歴　東京都市大学知識工学部経営システム工学科准教授

共著書　「わかりやすい品質管理（第 4 版）」「品質管理テキスト（第 4 版）」「信頼性データのまとめ方 — 二重指数分布の活用法 —」以上 オーム社,「メイナード版, IE ハンドブック」日本能率協会マネジメントセンター,「生産管理用語辞典」日本規格協会 ほか

- 本書の内容に関する質問は，オーム社ホームページの「サポート」から，「お問合せ」の「書籍に関するお問合せ」をご参照いただくか，または書状にてオーム社編集局宛にお願いします．お受けできる質問は本書で紹介した内容に限らせていただきます．なお，電話での質問にはお答えできませんので，あらかじめご了承ください．
- 万一，落丁・乱丁の場合は，送料当社負担でお取替えいたします．当社販売課宛にお送りください．
- 本書の一部の複写複製を希望される場合は，本書扉裏を参照してください．

- 本書籍は，理工学社から発行されていた『機械工学入門シリーズ 生産管理入門』を改訂し，第5版としてオーム社から版数を継承して発行するものです．

機械工学入門シリーズ
生産管理入門（第5版）

1989年 4月30日　第1版第1刷発行
2000年 1月31日　第2版第1刷発行
2004年 8月10日　第3版第1刷発行
2017年 2月25日　第4版第1刷発行
2024年11月20日　第5版第1刷発行

著　者　坂本碩也
改訂者　細野泰彦
発行者　村上和夫
発行所　株式会社 オーム社
郵便番号　101-8460
東京都千代田区神田錦町3-1
電話　03(3233)0641(代表)
URL　https://www.ohmsha.co.jp/

印刷・製本　平河工業社
ISBN978-4-274-23283-1　Printed in Japan